"十四五"技工教育规划教材

全国高级技工学校电气自动化设备安装与维修专业教材

QUANGUO GAOJI JIGONG XUEXIAO DIANQI ZIDONGHUA SHEBEI ANZHUANG YU WEIXIU ZHUANYE JIAOCAI

自动控制技术

（第二版）

李国伟　主　编

中国劳动社会保障出版社

简　介

本书为全国高级技工学校电气自动化设备安装与维修专业教材，主要内容包括自动控制的基本概念、自动控制系统的应用实例、直流调速系统、直流可逆调速系统、异步电动机的调速系统等。

本书由李国伟任主编，孙华任副主编，马坤、阎伟、宋爱泉、吕学宾、牛林参与编写，王文村、王现富主审。

图书在版编目（CIP）数据

自动控制技术/李国伟主编．--2版．--北京：中国劳动社会保障出版社，2023

全国高级技工学校电气自动化设备安装与维修专业教材

ISBN 978-7-5167-5715-4

Ⅰ．①自…　Ⅱ．①李…　Ⅲ．①自动控制技工学校-教材　Ⅳ．①TP273

中国国家版本馆CIP数据核字（2023）第146049号

中国劳动社会保障出版社出版发行

（北京市惠新东街1号　邮政编码：100029）

*

北京昌联印刷有限公司印刷装订　　新华书店经销

787毫米×1092毫米　16开本　6.25印张　141千字

2023年9月第2版　　2025年11月第4次印刷

定价：14.00元

营销中心电话：400-606-6496

出版社网址：http://www.class.com.cn

http://jg.class.com.cn

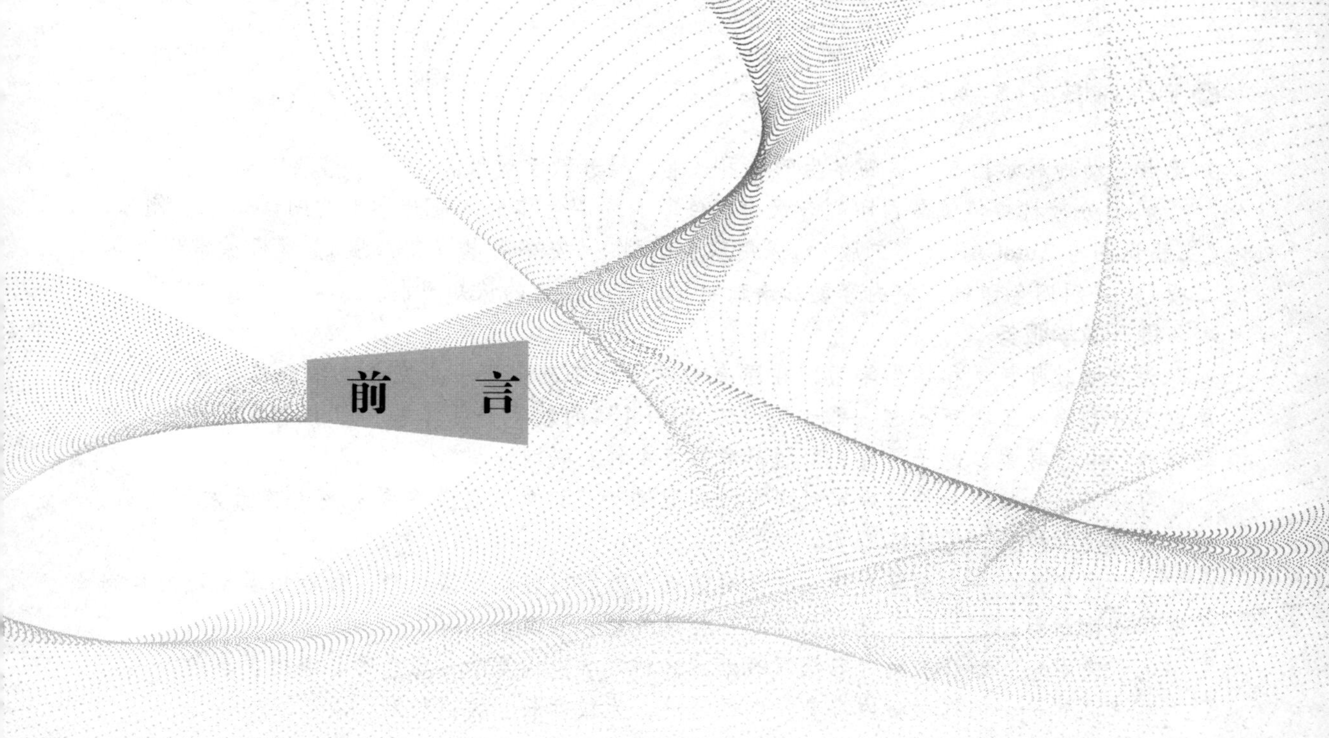

前　言

为了更好地适应高级技工学校电气自动化设备安装与维修专业的教学要求，全面提升教学质量，人力资源社会保障部教材办公室组织有关学校的一线教师和行业、企业专家，在充分调研企业生产和学校教学情况、广泛听取教师使用反馈意见的基础上，吸收和借鉴各地技工院校教学改革的成功经验，对现有全国高级技工学校电气自动化设备安装与维修专业教材进行了修订（新编）。

本次教材修订（新编）工作的重点主要体现在以下几个方面。

更新教材内容

◆ 根据企业岗位需求变化和教学实践，针对培养高级工的教学要求，确定学生应具备的知识与能力结构，调整部分教材内容，增补开发教材，合理设计教材的深度、难度、广度，充分满足技能人才培养的实际需求。

◆ 根据相关专业领域的最新技术发展，推陈出新，补充新知识、新技术、新设备、新材料等方面的内容，更新设备型号及软件版本。

◆ 根据现行的国家标准、行业标准编写教材，保证教材的科学性和规范性。

◆ 在专业课教材中进一步强化一体化教学理念，将工艺知识与实践操作有机融为一体，构建“做中学”“学中做”的学习过程；在通用专业知识教材中注重课堂实验和实践活动的设计，将抽象的理论知识形象化、生动化，引导教师不断创新教学方法，实现教学改革。

优化呈现形式

◆ 创新教材的呈现形式，尽可能使用图片、实物照片和表格等形式将知识点生动地展示出来，提高学生的学习兴趣，提升教学效果。

◆ 部分教材将传统黑白印刷升级为双色印刷或四色印刷，提升学生的阅读体验。例如，《工程识图与 AutoCAD（第二版）》采用双色印刷，《安全用电（第二版）》《机械常识（第二版）》采用四色印刷，使内容更加清晰明了，符合学生的认知习惯。

提升教学服务

为方便教师教学和学生学习，在原有教学资源基础上进一步完善，结合信息技术的发展，充分利用技工教育网这一平台，构建“1+4”的教学资源体系，即 1 个习题册和二维码资源、电子教案、电子课件、习题参考答案 4 种互联网资源。

习题册——除配合教材内容对现有习题册进行修订外，还为多种教材补充开发习题册，进一步满足学校教学的实际需求。

二维码资源——在部分教材中，针对重点、难点内容制作微视频，针对拓展学习内容制作电子阅读材料，使用移动设备扫描即可在线观看、阅读。

电子教案——结合教材内容编写教案，体现教学设计意图，为教师备课提供参考。

电子课件——依据教材内容制作电子课件，为教师教学提供帮助。

习题参考答案——提供教材中习题及配套习题册的参考答案，为教师指导学生练习提供方便。

电子教案、电子课件、习题参考答案均可通过技工教育网（http：//jg. class. com. cn）下载使用。

致谢

本次教材的修订（新编）工作得到了辽宁、江苏、山东、河南、湖北、广东、广西等省（自治区）人力资源社会保障厅及有关学校的大力支持，在此我们表示诚挚的谢意。

人力资源社会保障部教材办公室

2022 年 6 月

目　录

绪 论

古代人类在长期的生产和生活中，为了减轻自己的劳动强度，逐渐学习利用自然界的动力（如风力、水力等）代替人力、畜力，以及用自动装置代替人的部分脑力劳动和对自然界动力的控制。公元前 14 世纪至公元前 11 世纪，中国和巴比伦出现了自动计时装置——刻漏，为人类研制和使用自动装置之始。公元 1788 年英国机械师瓦特发明离心式调速器，并把它与蒸汽机的阀门连接起来，构成蒸汽机转速的闭环自动调速系统。这项发明对第一次工业革命和控制理论的发展产生了重要影响。

近些年来，自动控制技术迅猛发展，在工农业生产、交通运输、国防建设以及航空、航天事业等领域获得广泛应用，成为促进当代生产发展和科学进步的重要因素。

自动控制是指在无人直接参与的情况下，利用自动控制装置（简称控制器）使整个生产或工作机械（称为被控对象）自动按预先设定的规律运行，或使它的某些物理量（称为被控量）按预定的要求变化。

事实上，任何技术设备、工作机械或生产过程都必须按某种要求运行。例如，要想发电机正常供电，其输出的电压和频率就必须保持基本恒定，尽量不受用电负荷变化的影响；要使电动机转速恒定，就得根据电源电压和负载转矩的变化及时控制电动机，使其转速尽量不受干扰；要使烘烤炉烤出优质产品，就必须严格控制炉温，使温度保持恒定或按某种规律变化；要使火炮能自动跟踪并命中目标，炮身就必须按照指挥仪的命令做相应的方位角和俯仰角变动；要把数吨重的人造卫星送入数百公里外的高空轨道，使其携带的各种仪器能长期、准确地工作，就必须保持卫星的正确姿态，使它的太阳能电池一直朝向太阳，无线电发射天线一直指向地球。所有的这一切都是以高水平的自动控制技术为前提的。

近年来，随着科学技术的发展，自动控制技术和理论除了广泛应用于机械、冶金、石油、化工、电子、电力、航海、航空、航天、核反应堆等领域外，其在人工智能、互联网、生物、医学、环境、经济管理和其他社会生活领域也得到了扩展，为各专业之间的相互渗透起了促进作用。可以说，自动控制技术的应用，使生产过程实现了自动化，大大提高了生产效率和产品质量，降低了生产成本、提高了经济效益、改善了劳动条件，而且在人类征服大自然、探索新能源、发展空间技术和创造人类文明等方面都具有十分重要的意义，是实现数字化、智能化的重要支撑。作为现代工程技术人员和科学工作者，必须具备一定的自动控制理论知识。

第一章 自动控制的基本概念

学习目标

1. 了解人工控制与自动控制的基本概念。
2. 熟悉开环控制系统的构成及特点。
3. 熟悉闭环控制系统的构成及特点。
4. 掌握自动控制系统的组成。
5. 了解自动控制系统的分类。

§1－1 人工控制与自动控制

在工业生产过程和设备运行中，为了维持正常的工作条件，往往需要对某些物理量（如温度、压力、流量、液位、电压、位移、转速等）进行控制，使其尽量维持在某个数值附近或按一定规律变化。要满足这种需要，就得对生产机械或设备进行及时的操作和控制，以抵消外界的扰动和影响。这种操作和控制，既可由人工操作来完成，也可由自动装置的操作来实现，前者称为人工控制或手动控制，后者称为自动控制。

一、人工控制

图1－1所示为人工控制的水位恒定供水系统。其中，水池中的水不断经出水管道流出，以供用户使用。随着用水量的增多，水池中的水位下降，这时若要保持水位高度不变，就得控制进水阀门，增加进水量以作补充。在本例中，进水阀门的开启程度（简称开度）并非是一成不变的，而是要根据实际水位进行操控。

上述过程可用人工控制加以实现，正确的操作步骤如下：

（1）记住期望水位要求。

（2）目测或通过测量工具测量出水池的实际水位。

（3）将期望水位与实际水位进行比较、计算，从而得出误差值。

（4）按照误差的大小和正负性质人工调节进水阀门。

由于图1－1中由人直接参与控制，故称为人工控制。在本例中，水池的水位是被控制的物理量，简称被控量。水池这个设备是控制的对象，简称对象。

人工控制的过程是测量、求误差、控制、再测量、再求误差、再控制这样一种不断循环的过程。其控制目的是要尽量减小误差，使被控量尽可能地保持在期望值附近。

二、自动控制

利用某些装置替代人工操作的控制方案就称为自动控制。图 1－2 所示为简单的水位自动控制系统。

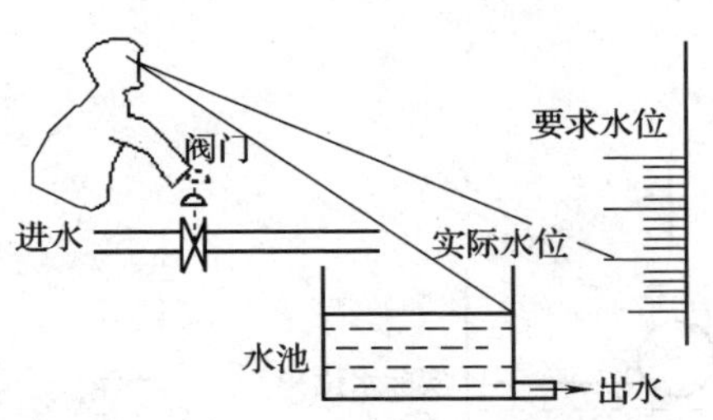

图 1－1　人工控制的水位恒定供水系统

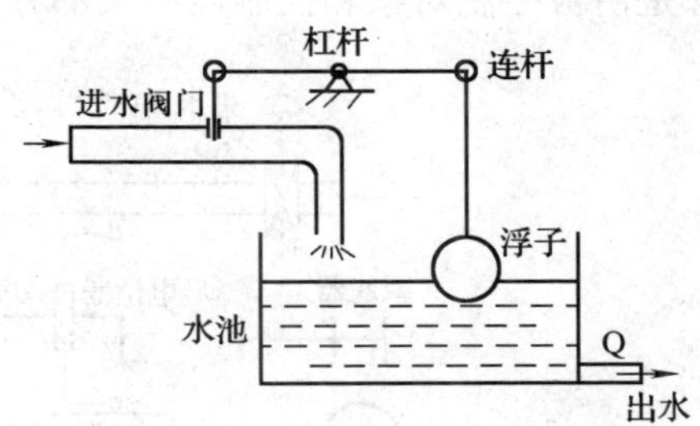

图 1－2　简单的水位自动控制系统

图中浮子用来测量水位高低；杠杆用来计算误差和执行控制操作。杠杆的一端由浮子通过连杆带动，另一端则连向进水阀门。当用水量增大时，水位开始下降，浮子也随之降低，杠杆的作用使进水阀门往上提，开度增大，进水量增加，使水位回至期望值附近。反之，若用水量变小，水位及浮子上升，进水阀门关小，减少进水量，水位自动下降至期望值附近。上述整个过程没有人的直接参与，故为自动控制过程。其自动控制的工作步骤可归纳如下：

（1）利用连杆的长度标定水位的期望值。

（2）当水位超过或低于期望值时，水位误差被浮子检测出来，并通过杠杆作用控制进水阀门，从而产生自动控制作用。

（3）按减小误差的方向控制进水阀门的开度。

图 1－2 所示的水位恒定系统虽然可实现自动控制，但由于结构简单而存在一定的缺陷，主要表现在被控制的水位高度将随出水量的变化而变化。出水量越多，水位就越低，偏离期望值就越远，即误差越大。也就是说，控制的结果总存在着一定范围的误差。产生这种现象的原因是：当出水量增加时，为了使水位基本保持恒定，就得开大进水阀门，使水流进入水池以作补充。要开大进水阀门，唯一的途径是浮子要下降更多，这就意味着控制的结果是水位要偏离期望值而降低，于是整个系统将在较低的水位建立起新的平衡状态。

为克服上述缺陷，可在原系统中增加一些设备组成较完善的水位自动控制系统，如图 1－3 所示。这里浮子仍是测量元件，连杆起着比较作用，它将期望水位与实际水位进行比较，得出误差，并以运动的形式推动电位器的滑动触点做上下移动。电位器输出电压的高低和极性充分反映出误差的性质（大小和方向）。电位器输出的微弱电压经放大器放大后，用以控制直流伺服电动机，其转轴经减速器降速后拖动进水阀门，作为施加于系统的控制作用。在正常情况下，实际水位等于期望值，此时，电位器的滑动触点居中，$u_e=0$。当出水量增大，浮子下降时，它带动电位器滑动触点向上移动，输出电压 u_e（>0）经放大器放大成 u_a 后控制电动机做正向旋转，以增大进水阀门的开度，促使水位回升。只有当实际水位恢复到期望值时，才能使 $u_e=0$，控制作用结束。

本控制系统的优点是无论出水量多少，自动控制的结果总是使实际水位的高度接近于期望值，不致出现大误差，从而大大提高了控制的精度。

上述自动控制和人工控制极为相似。自动控制系统只不过是把某些装置组合在一起，以代替人的控制。图 1－3 中的浮子相当于人的眼睛，连杆和电位器相当于人的大脑，电动机相当于人的手，等等。由于这些装置担负着控制的职能，通常称为控制器。任何一个控制系统，都是由被控制对象和控制器两大部分组成的。

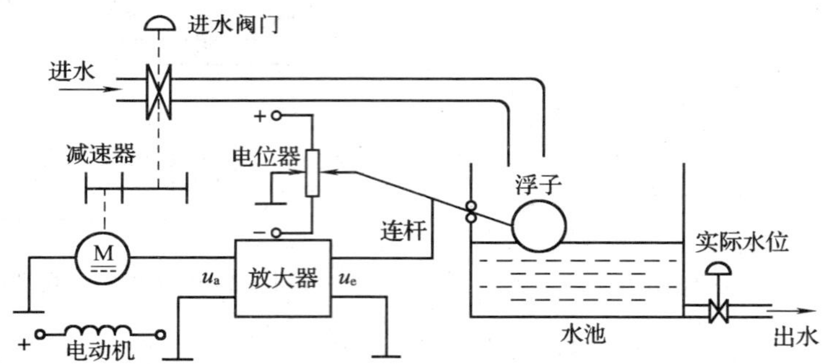

图 1－3　较完善的水位自动控制系统

§1－2　开环控制

控制系统可分为开环控制系统和闭环控制系统两大类。本书将以直流电动机的转速控制系统为例，分别介绍开环控制系统和闭环控制系统的构成及运行特点。

图 1－4 所示的他励直流电动机转速控制系统就是一种开环控制系统。它的任务是控制电动机使其以恒定的转速带动负载工作。

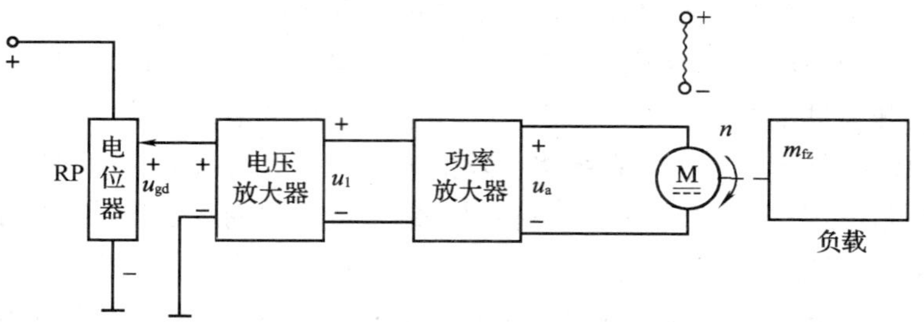

图 1－4　他励直流电动机转速开环控制系统框图

该系统的工作原理是：调节电位器 RP 的滑臂，使其给出某个给定电压 u_{gd}。该电压经电压放大和功率放大后成为 u_a，再送往电动机的电枢，用于控制电动机转速。由于他励直流电动机的转速 n 与电枢电压 u_a 成正比（对同一负载而言），因此，当负载转矩 m_{fz} 不变时，

只要改变给定电压 u_{gd}，便可得到不同的电动机转速 n。换言之，u_{gd} 与 n 具有一一对应的函数关系。

在本系统中，直流电动机是被控对象，电动机的转速 n 是被控量。若把全系统作为一个整体来看，电动机转速 n 是被控对象中需要严加控制的物理量，称为系统的输出量或输出信号。n 的大小由给定电压 u_{gd} 所决定，u_{gd} 是原因，n 是结果，通常把给定电压 u_{gd} 称为系统的输入量或输入信号。

就图 1－4 而言，只有输入量 u_{gd} 对输出量 n 的单向控制作用，而输出量 n 对输入量 u_{gd} 没有任何影响，即系统的输出端和输入端之间不存在反馈回路，故称这种系统为开环控制系统。

直流电动机转速开环控制系统可用图 1－5 所示的框图来表示。图中用方框代表系统中具有相应职能的元件，用箭头表示元件之间信号的传递方向。电动机负载转矩 m_{fz} 的任何变动，均会构成对输出量 n 的影响。换言之对恒速控制系统来说，作用于电动机轴上的阻力距 m_{fz} 将对系统的输出起破坏作用，这种作用称为干扰或扰动，在图 1－5 中用一个作用在电动机上的箭头表示。

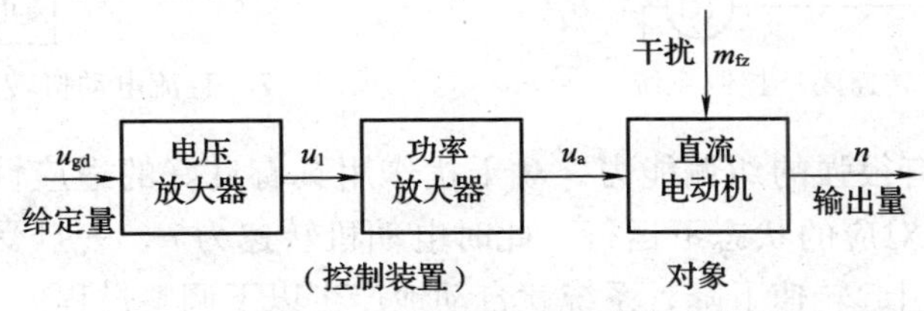

图 1－5　直流电动机转速开环控制系统框图

开环控制系统的精度，主要取决于 u_{gd} 的标定精度以及控制装置参数的稳定程度，系统没有抵抗外部干扰的能力，故控制精度较低。但由于系统的结构简单、造价较低，故在系统结构参数稳定、没有干扰作用或所受干扰较小的场合下，仍会大量使用。

§1－3　闭环控制

开环控制系统的缺点是精度不高和适应性较差，造成这种缺点的主要原因是缺乏从系统输出端至输入端的反馈回路。要克服这些缺点，就必须引入反馈环节，测出输出量，并经物理转换后反馈到输入端，使输出量对控制作用有直接影响。引入反馈回路的目的是要实现自动控制，提高控制质量。

在图 1－4 所示的直流电动机转速开环控制系统中，加入一台测速发电机，并对电路稍作改变，便构成图 1－6 所示的直流电动机转速闭环控制系统。

在图 1－6 中，测速发电机由电动机同轴带动，用于测量系统的输出量，即电动机的实际转速 n，然后转换成电压 u_f，再反送到系统的输入端，与给定值（系统的输入量）进行比较，从而得出电压 $u_e = u_{gd} - u_f$。由于该电压能间接反映误差性质（大小和正负方向），通常称之为偏差信号，简称偏差。偏差 u_e 经放大器放大成 u_a 后，作为电枢电压控制电动机转速 n。

直流电动机转速闭环控制系统可用图 1－7 所示的框图来表示。通常将从系统输入量至输出量之间的信号传输通道称为前向通道，从输出量至反馈信号之间的信号传输通道称为反馈通道。框图中用符号“⊗”表示比较环节，其输出量等于各个输入量的代数和。因此，各个输入量均须用正负号表明其极性。

由于采用了反馈回路，因此信号的传送路径形成闭合环路，使输出量反过来直接影响控制作用。这种通过反馈回路使系统形成闭合环路，并按偏差 u_e 的性质产生控制作用，以减小或消除偏差的控制系统，称为闭环控制系统或反馈控制系统。

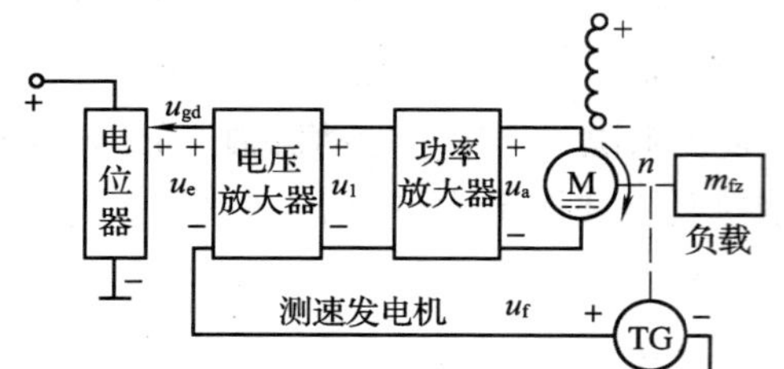

图 1－6　直流电动机转速闭环控制系统

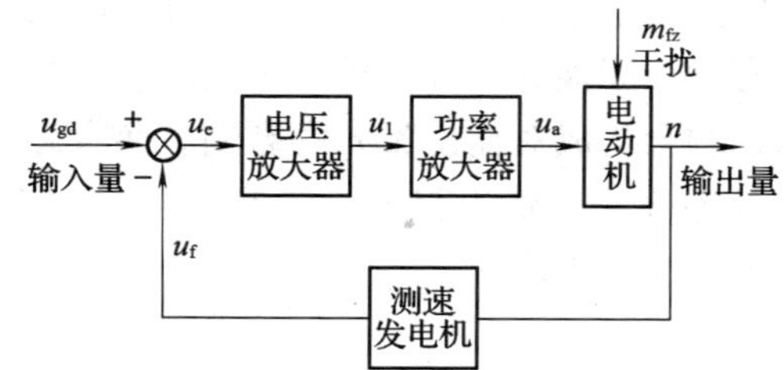

图 1－7　直流电动机转速闭环控制系统框图

闭环控制系统具有很强的纠偏能力，对干扰作用具有良好的适应性。如图 1－6 所示，设系统在给定电压 u_{gd} 对应的状态下运行，此时电动机转速为 n，一旦受到某些干扰（如负载转矩突然增大）而引起转速下降，系统就自动地产生以下调整过程：

$$m_{fz}\uparrow \rightarrow n\downarrow \rightarrow u_f\downarrow \rightarrow u_e = (u_{gd} - u_f)\uparrow \rightarrow u_a\uparrow \rightarrow n\uparrow$$

自动控制的结果，就是电动机的转速得到自动补偿，被控量 n 基本保持恒定。

由于闭环控制系统采用了负反馈回路，故系统对来自外部的干扰（如电源电压波动或变化）有自动补偿作用，而对来自内部的干扰（如元件本身的参数变动）不甚敏感。这样就可以选用不太精密的元件去构成较为精密的控制系统。但是，闭环控制系统也有它的缺点，主要是反馈装置设备增多，导致线路复杂。此外，对于一些惯性较大的系统，若参数配合不当，控制过程可能变得很差，甚至出现发散或等幅振荡等不稳定的情况。

必须指出，对主反馈而言，只有按负反馈原理组成的闭环控制系统，才能实现自动控制的功能。若采用正反馈（$u_e = u_{gd} + u_f$），不但无法纠正偏差，反而会使偏差越来越大，最终导致系统无法工作。

由于闭环控制系统具有很强的自动纠偏能力，且控制精度较高，因而在工程中获得广泛应用。通常所说的自动调节（控制）系统，就是指带有反馈装置的闭环控制系统。这种按偏差控制的闭环系统种类繁多，尽管它们所要完成的任务不同（如液位控制、转速控制、温度控制、压力控制等），具体结构千差万别，但是，从检测出偏差到利用偏差进行控制，再到减小或消除偏差的控制过程都是相同的。归纳起来，自动控制系统的特征主要有：

（1）在结构上，系统必须具有反馈装置，并按负反馈的原则组成系统。采用负反馈，可以不断检测被控量，并将其变换成与输入量相同的物理量，再反馈到输入端，以便与输入量进行比较。

（2）由偏差产生控制作用。系统必须按照偏差的性质（大小、方向）进行正确的控制，故系统中必须具有执行纠偏任务的执行机构。控制系统正是靠放大了的偏差信号来推动执行机构，以便对被控对象进行控制。无论什么原因引起被控量偏离期望值而出现误差，相应的偏差信号都会随之出现，系统必然产生相应的控制作用，以便纠正偏差。

（3）控制的目的是力图减小或消除偏差，使被控量尽量接近期望值。

根据上述自动控制系统的三个特征，可以对自动控制系统作一个较为准确的定义，即自动控制系统是一个带有反馈装置的动力学系统，它能自动而连续地测量被控量，并计算出偏差，进而根据偏差的大小和正负极性进行控制，而控制的目的是力图减小或消除存在的偏差。

§1－4　自动控制系统的组成

一、自动控制系统的基本组成

自动控制系统按其被控对象和具体用途的不同，可以有各式各样的结构形式。但是，从工作原理来看，自动控制系统通常都是由一些具有不同职能的基本元件组成的。图 1－8 所示为一个典型自动控制系统的功能框图。图中每一个方框，代表一个具有特定功能的元件。由图可见，一个完善的自动控制系统通常都是由测量反馈元件、比较元件、放大元件、校正元件、执行元件以及控制对象等基本环节组成的。通常把图中除控制对象以外的所有元件合并在一起，称为控制器。

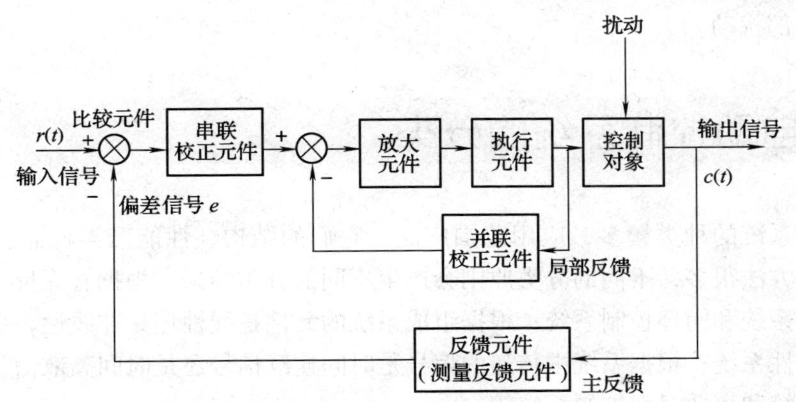

图 1－8　典型自动控制系统的功能框图

图 1－8 所示框图中主要元件的功能如下：

测量反馈元件——用以测量被控量，并将其转换成与输入量同类的物理量，再反馈至输入端以作比较。

比较元件——用来比较输入信号与反馈信号，并产生反映两者差值的偏差信号。

放大元件——将微弱的偏差信号放大。

校正元件——按某种函数规律变换控制信号，改善系统的动态品质或静态性能。图中串联校正元件和并联校正元件是为了改善系统的控制性能而引入的校正环节。

执行元件——根据偏差信号的性质执行相应的控制作用，使被控量按期望值变化。

控制对象——又称被控对象或受控对象，通常是指生产过程中需要进行控制的工作机械或生产过程。被控对象需要控制的物理量称为被控量。

二、自动控制系统的常用名词

自动控制系统：由被控对象和自动控制装置按一定方式组合，以完成某种自动控制任务的整体。

输入信号：又称参考输入，通常是指给定值，它是控制输出量变化规律的指令信号。

输出信号：指被控对象中要求按某种规律变化的物理量，又称被控量，它与输入量之间保持一定的函数关系。

反馈信号：取自系统（或元件）输出端并反向送回系统（或元件）输入端的信号。反馈有主反馈和局部反馈之分。

偏差信号：指参考输入信号与主反馈信号之差。偏差信号简称偏差，其实质是从输入端定义的误差信号。

误差信号：指系统输出量的实际值与期望值之差，简称误差，其实质是从输出端定义的误差信号。显然，在单位反馈（反馈信号不经放大直接送入比较元件）的情况下，误差值也就是偏差值，二者是相等的。

扰动信号：简称扰动或干扰，它与控制作用相反，是一种不希望存在的、能破坏系统输出规律的不利因素。扰动信号既可能来自系统内部，也可能来自系统外部，前者称内部扰动，后者称外部扰动。

§1－5 自动控制系统的分类

自动控制系统的种类繁多，应用范围广泛，它们的结构、性能乃至控制任务也各不相同，因而分类方法很多，不同的分类原则会产生不同的分类结果。根据有无反馈装置系统可分为开环控制系统和闭环控制系统；根据组成系统的元件是线性还是非线性，系统可分为线性系统和非线性系统；根据系统中传递的信号是时间连续信号还是时间离散信号，系统可分为连续控制系统和离散时间控制系统等。

最常见的分类原则是根据输入信号的特征分类。按照输入信号变化的规律，可将控制系统分为三类，即恒值控制系统、程序控制系统和随动控制系统。

一、恒值控制系统

恒值控制系统又称为自动调整系统，其特点是输入信号为某个常数，故称为恒值。由于扰动的出现，会使被控量偏离期望值而出现偏差，所以恒值控制系统的特点是能够根据偏差的性质产生控制作用，使被控量以一定的精度恢复到期望值附近。前面介绍过的水位控制系统及转速闭环控制系统均属恒值控制系统。此外，生产过程中广泛应用的温度、压力、流量等参数控制，大多采用的也都是恒值控制系统。

二、程序控制系统

此类系统的输入信号不是常数，而是会按预先设定的时间函数进行变化。如热处理炉温控制系统中的升温、保温、降温等过程，都是按照某种预先设定的规律或程序进行控制的。又如机械加工中的程序控制机床，如仿形车床、仿形铣床、数控车床、数控铣床、加工中心等，都是按照某种预先设定的程序进行工作的。

三、随动控制系统

随动控制系统又称自动跟踪系统或伺服系统，这类系统的输入信号是随预先未知的时间任意变化的函数。随动控制系统能使被控量以尽可能高的精度跟踪给定值的变化，也能克服扰动的影响，但一般来说，扰动的影响是次要的。许多自动化武器是由随动控制系统装备起来的，如炮瞄雷达的自动跟踪、火炮的自动瞄准、导弹的制导、卫星的发射和回收等。民用工业中的船舶随动舵、数控切割机、轧钢车间的飞剪机以及仪表工业中的多种自动记录仪表等，均属随动控制系统。

第二章 自动控制系统的应用实例

学习目标

1. 了解恒值控制系统的应用实例。
2. 了解随动控制系统的应用实例。
3. 了解程序控制系统的应用实例。
4. 掌握自动控制系统的性能要求。

§2－1 恒值控制系统的应用实例

一、蒸汽机转速自动控制系统

采用瓦特发明的离心调速器设计的蒸汽机转速自动控制系统，如图 2－1 所示。离心调速器主要由伞形齿轮、套筒、弹簧、飞锤等构成。

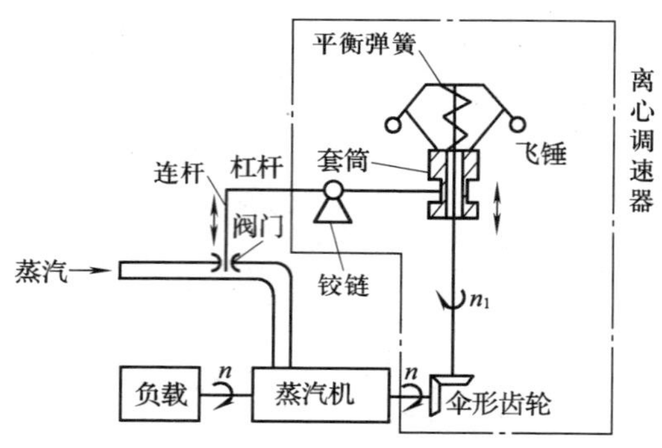

图 2－1 蒸汽机转速自动控制系统

系统工作原理：蒸汽机在带动负载转动的同时，通过伞形齿轮带动一对飞锤做水平旋转。飞锤通过铰链可以带动套筒上下滑动，套筒内装有平衡弹簧，套筒上下滑动时可拨动杠杆，杠杆另一端通过连杆调节供气阀门的开度。蒸汽机正常运行时，飞锤旋转产生的离心力与平衡弹簧的反弹力相平衡，套筒保持某个高度，使阀门处于一个平衡位置（开度）。如果负载增大而导致蒸汽机转速 n 下降，则飞锤因离心力减小而使套筒向下滑动，并通过杠杆增大供气阀门的开度，使更多蒸汽进入蒸汽机，促使其转速 n 回升。

同理，若蒸汽机因负载减小而引起转速 n 增大，则飞锤因离心力增大而使套筒上滑，并通过杠杆减小供气阀门的开度，蒸汽流量减少，迫使蒸汽机转速自动回落。这样离心调速器就能自动消除负载变化对转速的影响，使蒸汽机的转速 n 基本保持在某个期望值附近。

本系统中，蒸汽机是控制对象，蒸汽机的转速 n 是被控量。转速 n 经离心调速器测出并转换成套筒的位移量后，经杠杆传送至供气阀门，以控制蒸汽机的转速，从而构成一个闭环控制系统。

离心调速器除了应用在蒸汽机上发挥调速作用外，也常用于水力发电站中控制水力透平机的转速。

二、炉温自动控制系统

图 2－2 所示为炉温自动控制系统原理图。图中电炉采用电加热的方式运行，加热器产生的热量与施加的电压 u_c 的平方成正比，u_c 增高，炉温上升。本系统中，u_c 的高低由调压器滑动触点的位置控制，该触点由可逆直流电动机驱动。电炉的实际温度采用热电偶测出，并转换成毫伏级的电压信号，记为 u_f。u_f 作为系统的反馈电压送往输入端与给定电压 u_{gd} 进行比较，得出偏差电压 $u_e = u_{gd} - u_f$。u_e 经电压放大器放大成 u_1，再经功率放大器放大成 u_a 后，作为控制可逆直流电动机的电枢电压。当 $u_a > 0$ 时，可逆直流电动机正转，带动调压器滑动触点位置移动，u_c 增高，炉温上升；反之，当 $u_a < 0$ 时，可逆直流电动机反转，带动调压器滑动触点位置移动，u_c 降低，炉温下降。

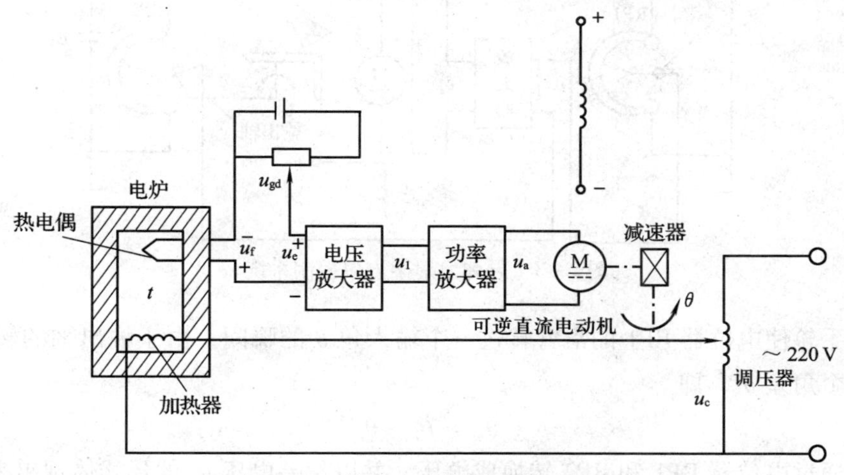

图 2－2　炉温自动控制系统原理图

正常情况下，炉温等于某个期望值 t，热电偶的输出电压 u_f 正好等于给定电压 u_{gd}。此时，$u_e = u_{gd} - u_f = 0$，故 $u_1 = u_a = 0$，可逆直流电动机不转动，调压器的滑动触点停留在某个合适的位置上，使 u_c 保持一定的数值。这时电炉散失的热量正好等于从加热器吸取的热量，形成一个稳定的热平衡状态。

若炉膛温度 t 由于某种原因（干扰）而下降（如电炉门打开造成热量流失），则系统将出现以下控制过程：

$$t\downarrow \rightarrow u_f\downarrow \rightarrow u_e\uparrow \rightarrow u_1\uparrow \rightarrow u_a\uparrow \rightarrow \theta\uparrow \rightarrow u_c\uparrow$$
$$t\uparrow \longleftarrow$$

控制结果是炉膛温度自动回升，直至炉膛温度重新等于期望值为止。显然，炉温自动控制系统也是一个带反馈装置的闭环控制系统。

上述两个实例是典型的恒值控制系统，控制结果是，当实际值偏离期望值时，系统将自动调整使得实际值尽量等于期望值。

§2－2 随动控制系统的应用实例

一、导弹发射架的方位控制系统

图2－3所示是一个控制导弹发射架方位的随动控制系统。图中电位器RP1和RP2并联后跨接到同一电源E_0的两端，其滑臂分别与输入轴和输出轴相连接，以组成方位角的给定装置和反馈装置。输入轴由手轮操纵，输出轴则由直流电动机经减速器减速后带动，直流电动机采用电枢电压控制的方式工作。

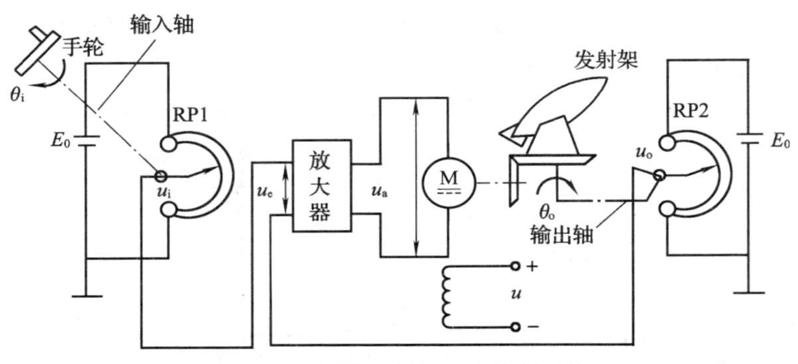

图2－3　导弹发射架方位控制系统

当摇动手轮使电位器RP1的滑臂转过一个输入角θ_i的瞬间，由于输出轴的转角$\theta_o \neq \theta_i$，于是出现一个角差θ_e，即

$$\theta_e = \theta_i - \theta_o \tag{2－1}$$

该角差通过电位器RP1和RP2转换成电压，并以偏差电压u_e的形式体现出来，即

$$u_e = u_i - u_o \tag{2－2}$$

显然，若$\theta_i > \theta_o$，则$u_i > u_o$，$u_e = u_i - u_o > 0$。该偏差电压经放大器放大后驱动直流电动机做正向转动，带动导弹发射架转动，并通过输出轴带动电位器RP2的滑臂转过一定的角度，直至$\theta_o = \theta_i$，$\theta_e = 0$，偏差电压$u_e = 0$，$u_a = 0$，直流电动机才停止转动。这时，导弹发射架就停留在相应的方位角上。也就是说，随动控制系统输出轴的运动已经完全复现（重演）了输入轴的运动。可见，随动控制系统是角度的控制系统，其中的输出角总是跟随输入角的

变化而变化。

该系统的框图如图 2－4 所示。其中，作为系统输出量的方位角 θ_o是全部（不是一部分）直接反馈到输入端与输入量 θ_i进行比较的，故称为全反馈系统或单位反馈系统。在本系统中，只要 $\theta_o \neq \theta_i$，系统就会出现偏差，从而产生控制作用，控制的结果是消除偏差角 θ_e，使输出量 θ_o严格地跟随输入量 θ_i变化而变化，因而随动控制系统又称同步跟踪系统。此外，由于转动手轮所需能量甚小，而导弹连同发射架的质量却很大，因此转动所需能量很大，这就意味着随动控制系统也是一个功率放大装置，故也称为伺服系统。

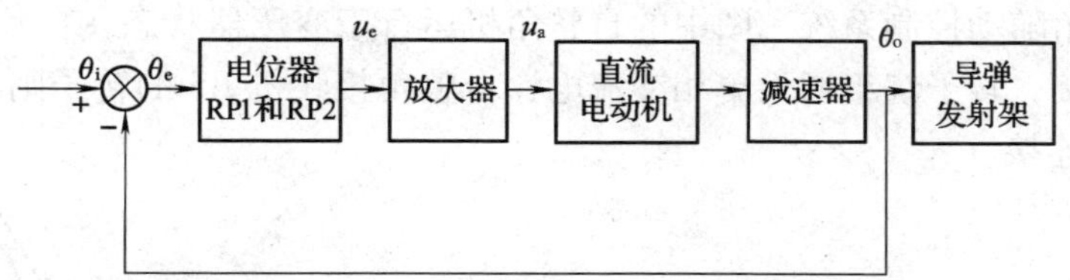

图 2－4　导弹发射架方位控制系统框图

二、船舶随动舵的控制系统

船舶的航行方向是操舵控制的。对于大型船舶，由于舵叶较大，操舵的阻力很大。为了减轻操舵人员的劳动强度，常采用自动化程度较高的随动舵对舵叶进行操纵。

随动舵的操纵特点是：操舵人员只要通过驾驶盘（又称舵轮）给定一个舵角信号，舵机就能把笨重的舵叶转到给定的舵角位置，随即自动停下来。可见，随动舵本质上属于角度跟踪随动控制系统，亦具有功率放大功能。

图 2－5 所示为船舶随动舵控制系统原理图。其中，驾驶盘与电位器 RP1 做机械连接，作为系统的给定（输入）装置。直流电动机的转轴经减速器减速后带动舵叶旋转。与此同时，通过机械连接带动电位器 RP2 的滑臂做相应的转动。RP2 产生的电压 u_o反馈到输入端，与 RP1 的电压 u_i进行比较后得出偏差信号 u_e（$u_e = u_i - u_o$）。系统按照 u_e的性质（大小和正负极性）进行控制，其控制结果是舵叶的偏转角 θ_o严格等于驾驶盘所转过的角度 θ_i。

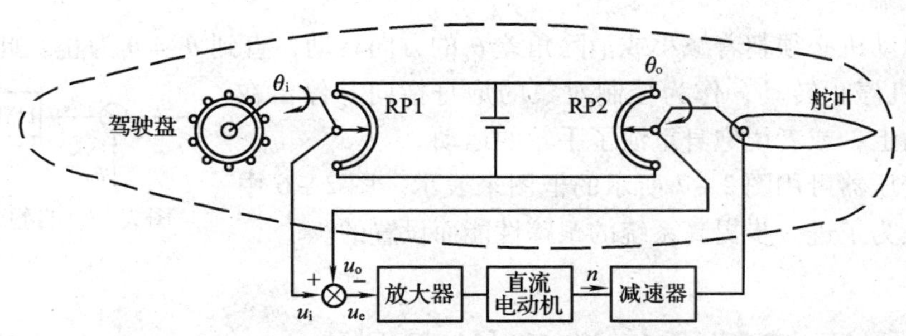

图 2－5　船舶随动舵控制系统原理图

图 2－5 中的放大器包含电压放大和功率放大两部分。比较环节的作用是将 u_i和 u_o两个微弱信号做相减运算，可用差动放大器或运算放大器实现。整个系统的工作原理与图 2－4 所示的原理相同。

三、火炮、雷达天线的方位控制系统

图2－3和图2－5所示的随动控制系统虽然能做角度跟踪，但由于它们采用了电位器作为输入装置和反馈装置，因而θ_i和θ_o的变化范围一般被限制在360°以内。若RP1和RP2电位器选用多圈式电位器，θ_i和θ_o也只能在360°的范围内变化。这对于要求在超过360°做大范围跟踪的火炮、雷达天线等系统而言，显然不能满足要求。

为克服上述缺点，通常采用一对自整角机作为角度检测装置，以取代图2－3和图2－5中的电位器，从而组成自整角机式的随动控制系统。图2－6所示是采用自整角机作为角度检测的火炮方位角随动控制系统。图中的自整角机运行于变压器状态，自整角发送机BD的转子与输入轴连接，转子绕组通入单相交流电；自整角接收机BS的转子则与输出轴（炮架的方位角轴）相连接。

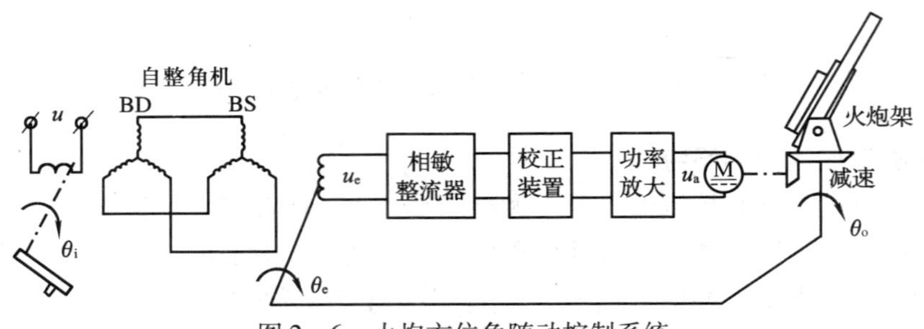

图2－6　火炮方位角随动控制系统

当摇动手轮输入一个角度θ_i的瞬间，由于$\theta_o \neq \theta_i$，于是出现角差θ_e（$\theta_e = \theta_i - \theta_o$）。这时，自整角接收机BS的转子输出一个相应的交流调制信号电压u_e，其幅值与角差θ_e的大小成正比，相位则取决于角差θ_e的极性。即角差$\theta_e > 0$，则交流调制信号呈正相位；角差$\theta_e < 0$，则交流调制信号呈反相位。该调制信号经相敏整流器解调后，变成一个与角差θ_e的大小和极性有关的直流电压，并送往校正和功率放大装置，处理成为控制直流电动机的电枢电压u_a，该电压使电动机转动以带动炮架回转，并同时带动自整角接收机的转子回转，将输出信号反馈到输入端。

显然，电动机必须朝着减小或消除角差θ_e的方向转动，直到$\theta_o = \theta_i$为止。此时，$u_e = 0$，$u_a = 0$，电动机停止转动，作为控制对象的炮身指向并停留在相应的方位角上，或者说炮身重演了手轮的运动。

自整角变压器可用图2－7所示的框图来表示。图2－6中的校正装置是为了进一步提高系统的跟踪性能而设置的。

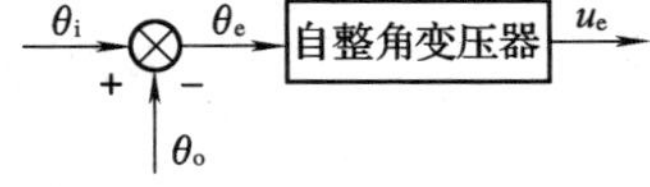

图2－7　自整角变压器框图

§2－3　程序控制系统的应用实例

当自动控制系统的给定信号是已知的时间函数时，这类系统称为程序控制系统（programmed control system）。

图2－8所示为仿形铣床的原理示意图。该系统为闭环控制系统，其工作原理是：刀架

电动机拖动刀架前行的同时带动靠模触指运动，触指的上下运动使电位器滑臂移动，得到不同的电压与基准电压进行比较，产生误差，再经过电压和功率放大，驱动刀架电动机带动刀架做上下运动，最终使得加工工件与模型一样。但是，制作精确的立体木模是一个精细、费时的工作，所以后来又将木模以纸带（或磁带）上的脉冲系列来代替，这时的闭环控制系统如图 2－9 所示。加工时由光电阅读机把记录在穿孔纸带（或磁带）上的程序指令，变成电脉冲（指令脉冲），送入运算控制器。运算控制器完成对指令脉冲的寄存、交换和计算，并输出控制脉冲给执行机构。执行机构根据运算控制器送来的控制脉冲信号，控制机床的运动，完成切削成形的要求。

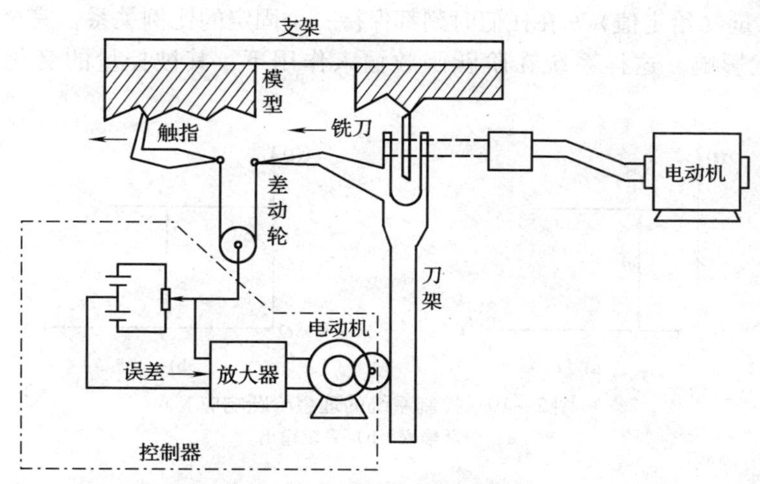

图 2－8　仿形铣床的原理示意图

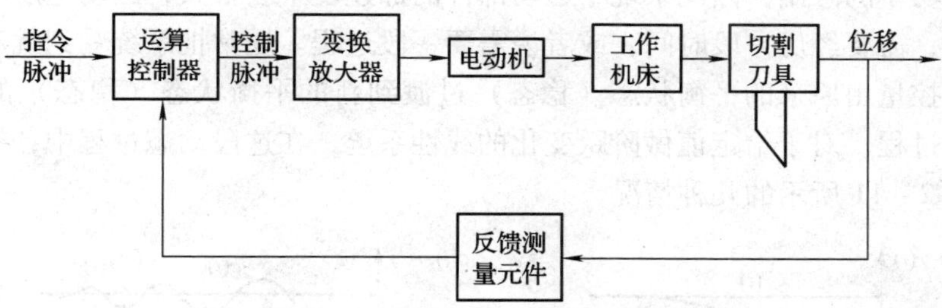

图 2－9　程序控制的闭环控制系统

程序控制系统的功能，就是按照预定的程序来控制被控制量，即控制系统控制器给出的控制指令为一个预定的程序。原则上程序控制可以是开环的，但也可以用反馈来消除系统误差，提高精度。图 2－8 和图 2－9 都是闭环的程序控制系统。

§2－4　自动控制系统的性能要求

前面讲述的三种典型控制系统，即恒值控制系统、随动控制系统和程序控制系统，是工程中常用的控制系统。工程上对任何一套自动控制系统的性能都有一定的要求。但由于控制对象不同，工作方式不同，系统要完成的任务也不同，因此对各个具体系统的要求自然也有较大的差异。不过，就其共性而言，所有的自动控制系统都希望：

$$c(t) = kr(t) \tag{2-3}$$

式中 $c(t)$——系统的输出量；

$r(t)$——系统的输入量；

k——比例系数。

如图 2-3 所示的导弹发射架方位控制系统，在理想情况下，总希望系统的输出量（被控量）θ_o与输入量（给定值）θ_i在任何时刻都保持一个固定的比例关系，完全没有偏差，而且不受任何干扰影响。这样系统在阶跃函数输入作用下，其被控量的变化应如图 2-10 所示。

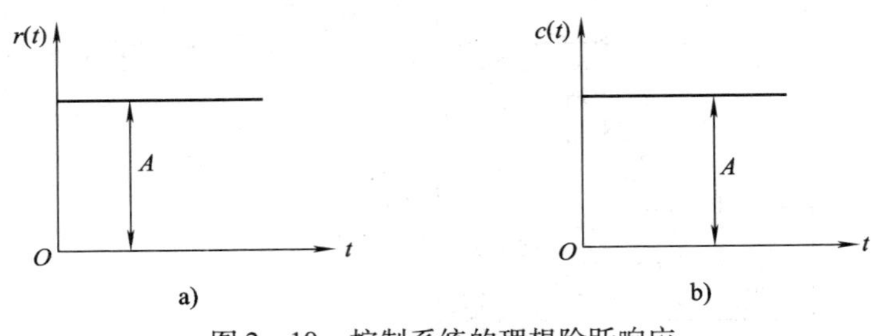

图 2-10 控制系统的理想阶跃响应

a）阶跃输入 b）系统输出

然而，在实际自动控制系统中，由于机械部分存在质量和惯性，电路中存在电感和电容，加之电源功率的限制，因此系统中运动部件的加速度不会很大，运动速度和位移不可能瞬间发生变化，需要经历一段时间，或者说需要一段过程。通常把系统受到扰动或给定值变化作用后，被控量由原来的平衡状态（稳态）过渡到新的平衡状态（稳态）的过程称为过渡过程或动态过程。对于给定值做阶跃变化的线性系统，在这段动态过程中，被控量的变化可能存在如图 2-11 所示的几种情况。

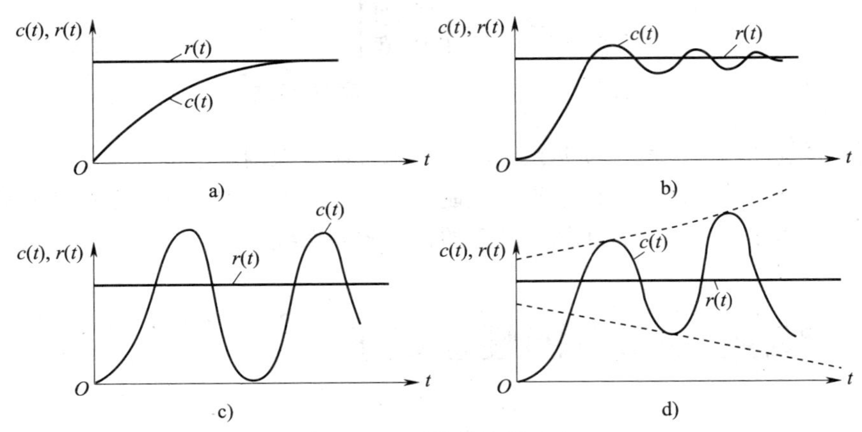

图 2-11 系统的阶跃响应

其中，图 2－11a 和图 2－11b 表明，系统经历一段过渡过程后，被控量都能达到新的平衡状态，这是实际工程中最常见的情况。而在图 2－11c 和图 2－11d 中，被控量围绕期望值做等幅振荡或增幅振荡，即被控量的变化不收敛，这种系统根本无法工作，这是工程实际中不允许出现的情况。

另外，自动控制系统在外加信号作用下，经历过渡过程达到新的平衡状态之后，被控量与期望值之间的误差也是衡量自动控制系统质量优劣的重要尺度。一个高质量的自动控制系统，在整个运动过程中，被控量与期望值之间的误差应该越小越好。

综上所述，自动控制系统技术性能的优劣，可以从动态过程及静态精度去衡量。工程上常把对自动控制系统的基本要求归纳为稳定性、快速性和准确性三个方面，即稳、快、准。

1. 稳定性（稳）

稳定性是评价自动控制系统能否正常工作的首要指标，它是评价系统在过渡过程中的振荡倾向和重新建立平衡状态的能力。

当自动控制系统受到外加信号作用时，如果系统被控量的过渡过程随时间推移而衰减，直到最后与期望值一致（通常允许有一定的误差），从而建立一个新的平衡状态，如图 2－11a 和图 2－11b 所示，这样的系统称为稳定系统。

反之，当自动控制系统受到外加信号作用时，如果被控量不能达到所期望的新的平衡状态，而是围绕期望值做等幅振荡（图 2－11c）或增幅振荡（图 2－11d），使被控量越来越远离期望值，这样的系统称为不稳定系统。不稳定的系统无法完成正常的控制功能，甚至会损坏设备，造成事故。

2. 快速性（快）

自动控制系统不但要求稳定，而且要求被控量能迅速地按照输入信号所规定的规律变化，即要求系统具有一定的响应速度。如前所述，控制系统总包含一些惯性元件，所以在输入信号作用下，其响应总要经历一个过渡过程才能达到稳态。过渡过程时间长，说明系统的控制动作反应迟钝，难以复现快速变化的指令信号。因此，对实用系统来说，总是希望过渡过程时间越短越好。

3. 准确性（准）

准确性是指自动控制系统建立平衡状态后，被控量偏离期望值的误差大小。准确性描述了自动控制系统的稳态精度。一般来说，人们总是希望误差越小越好。如果最终的误差为零，则这种系统称为无差系统；反之，称为有差系统。

必须指出：上述三方面的性能要求，对同一系统来说常常是相互制约的。提高了快速性，可能增大振荡幅值，加剧系统的振荡。改善了稳定性，则可能使过渡过程变得缓慢，延长过渡时间，甚至导致稳态误差增大，降低系统精度。对某个具体系统而言，三方面的要求也不一样，一般应根据工作任务的要求，按照具体情况综合考虑系统指标。

第三章 直流调速系统

学习目标

1. 了解直流电动机的调速原理。
2. 熟悉直流调速系统三种可控直流电源的原理和特点。
3. 掌握晶闸管—直流电动机调速系统的特征。
4. 掌握反馈控制闭环调速系统的稳态分析。
5. 熟悉电压反馈电流补偿控制的调速系统分析。

§3－1 直流电动机的调速原理

直流电动机具有良好的启、制动性能，适宜在大范围内平滑调速，在轧钢机、矿井卷扬机、挖掘机、海洋钻机、金属切削机床、造纸机、高层电梯等需要高性能可控电力拖动的领域中具有广泛应用。由直流电动机的速度公式 $n=(U-I_aR_a)/(K_e\Phi)$ 可以看出，直流电动机的调速方法有以下三种：改变电源电压 U 调速（简称调压调速）；改变电枢回路电阻 R_a 调速（简称串电阻调速）；改变励磁电流以改变主磁通 Φ 调速（简称弱磁调速）。下面分别予以介绍。

一、改变电源电压调速

直流电动机改变电源电压调速的机械特性，如图 3－1 所示。

这种调速方法的主要特点是：

（1）调速范围广，可以从低速一直调到额定转速，速度变化平滑，通常称为无级调速。

（2）调速过程中没有附加能量损耗。电压降低后，机械特性硬度不变，故稳定性好。

（3）因端电压不能超过额定电压，故转速只能在额定转速以下调节。

（4）所需设备较复杂，耗电大，声音及干扰也较大，成本较高。

在晶闸管变流技术被广泛应用之前，直流电动机的调压调速一般采用直流他励发电机－直流电动机组来实现。目前，在许多大型的龙门刨床、重型机床、轧钢机中，该系统仍有采用。他励发电机－直流电动机调速系统的工作原理如图 3－2 所示，三相异步电动机拖动直流他励发电机，产生直流电压供给直流电动机，改变发电机的励磁电流，发电机产生的感应电动势 E 随之改变，即达到了调压调速的目的。

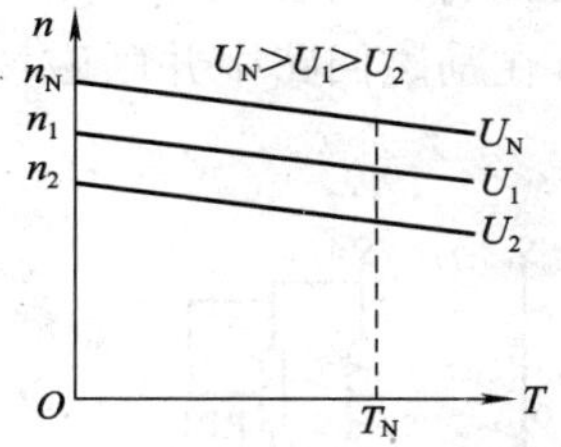

图 3－1　直流电动机改变电源电压调速的机械特性

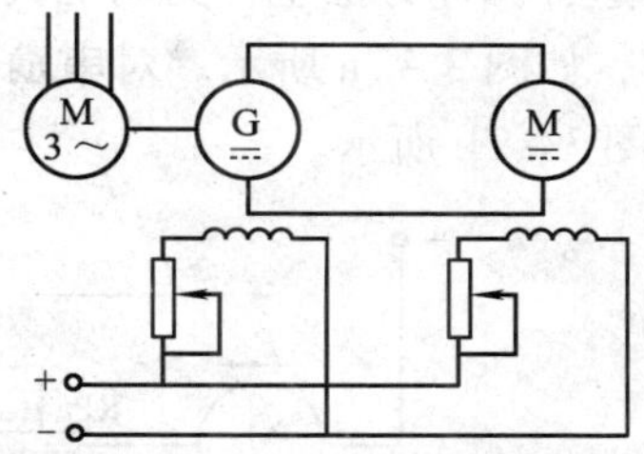

图 3－2　他励发电机－直流电动机调速系统工作原理

二、改变电枢回路电阻调速

该方法通过在电枢回路中串入调速电阻来实现调速目的，其接线如图 3－3 和图 3－4 所示。

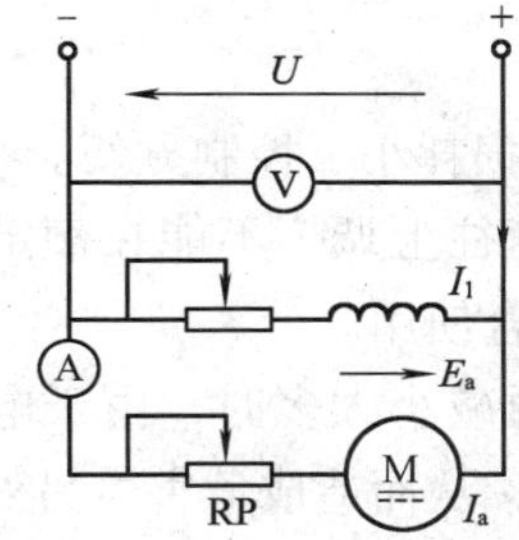

图 3－3　并励直流电动机电路图

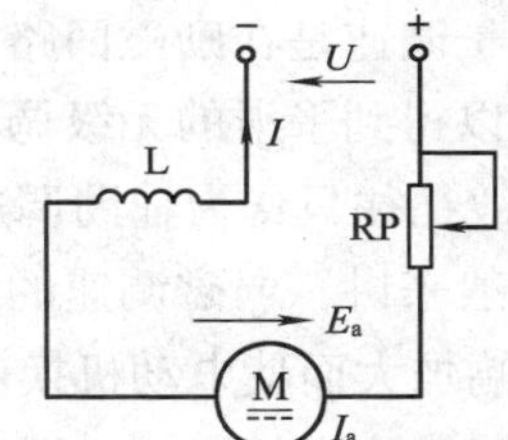

图 3－4　串励直流电动机电路图

系统的机械特性如图 3－5 和图 3－6 所示，该调速方法的特点是：

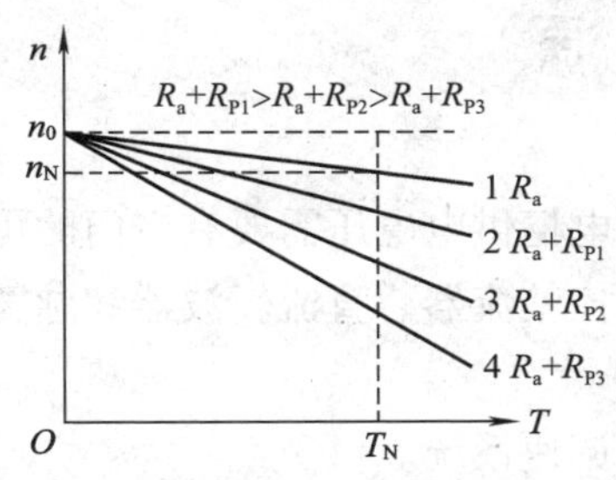

图 3－5　并励直流电动机机械特性曲线

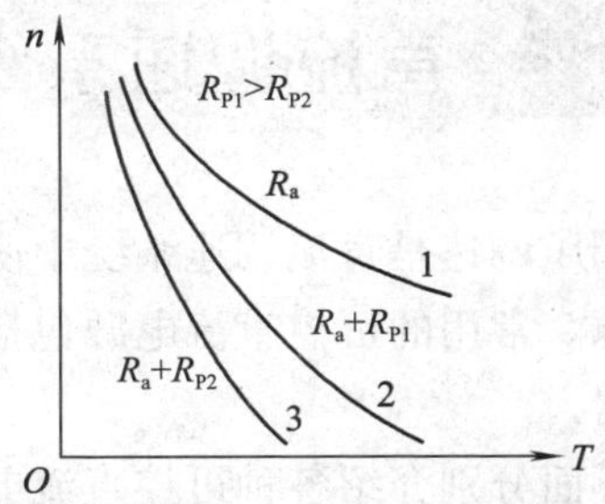

图 3－6　串励直流电动机机械特性曲线

（1）所需设备较简单、成本低，因此在小功率直流电动机中用得较多。在 20 世纪 70 年代以前，由于晶闸管调压技术尚未大量采用，因而在某些功率稍大的直流电动机中也采用电枢回路串电阻调速，如城市电车、矿用电力机车、蓄电池运输车等。

（2）电动机转速只能调低，而且为有级调速。特性曲线较软，即负载变动时，电动机转速变化较大。

（3）在调速电阻上有较大的能量损耗，经济性能较差。

三、改变主磁通调速

当直流电动机的电源电压及负载转矩不变时，如使主磁通减小，则电动机的转速就相应增高，故这种调速方法也称为弱磁调速。对并励直流电动机而言，可在励磁回路中串联附加电阻 RP1，如图 3－7a 所示。对串励直流电动机而言，则可在励磁回路中并联磁场分路电阻 RP1，如图 3－7b 所示。

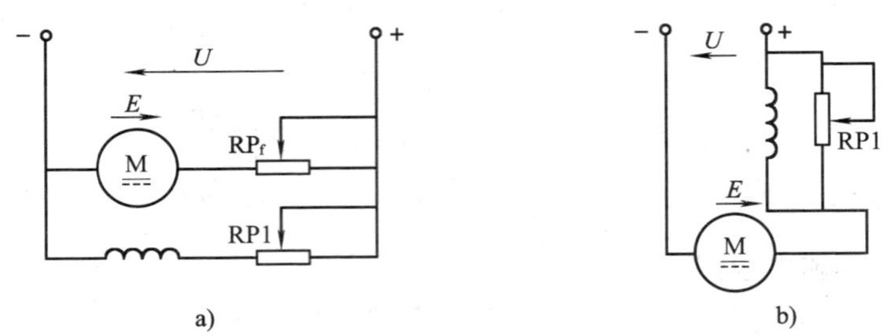

图 3－7　直流电动机弱磁调速电路

a）并励直流电动机中串电阻　b）串励直流电动机中并电阻

这种调速方法的特点是：

（1）由于调速是在励磁回路中进行，功率较小，故能量损耗小、控制方便。

（2）可以得到平滑的无级调速，但转速只能从额定转速往上调，不能在额定转速以下进行调速，故往往只作为辅助调速，与前面两种调速方法组合使用。

（3）一般来讲，弱磁调速的调速范围较窄，而且当磁通减小太多时，由于电枢磁场对主磁场的影响加大而使电动机换向困难，容易产生较大火花，从而造成危害。另外，还必须考虑到电枢机械强度的影响。因此，对一般的直流电动机而言，最高转速通常控制在两倍额定转速的范围内。

§3－2　直流调速系统的可控直流电源

调压调速是直流调速系统中使用的主要方法，而调节电枢供电电压需要有专门的可控直流电源。常用的可控直流电源包括旋转变流机组、静止可控整流器、直流斩波器和脉宽调制变换器。

下面分别介绍各种可控直流电源以及由其供电的直流调速系统。

一、旋转变流机组

旋转变流机组是用交流电动机和直流发电机组成机组，以获得可调的直流电压。图 3－8 所示为旋转变流机组和由它供电的直流调速系统原理图。交流电动机 M1（异步电动机或同步电动机）拖动直流发电机 G，由发电机给需要调速的直流电动机 M2 供电，调节直流发电机的励磁电流 i_f 即可改变其输出电压 U_d，从而调节电动机的转速 n。这样的调速系统简称 G－M 系统。为了供电给直流电动机励磁绕组，通常专门设置一台直流励磁发电机 GE，可装在变流机组同轴上，也可另外单用一台交流电动机拖动。

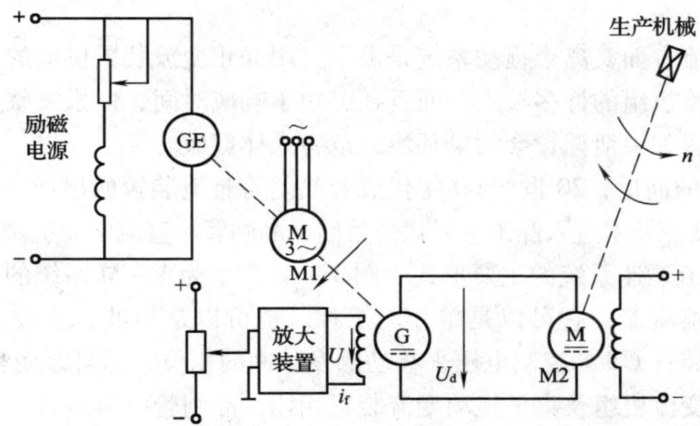

图 3－8 旋转变流机组供电的直流调速系统（G－M 系统）原理图

当系统调速性能要求不高时，i_f可由励磁电源供电，要求较高的闭环调速系统一般都应通过放大装置进行控制。G－M 系统的放大装置多采用电机型放大器（如交磁放大机）和磁放大器。需要进一步提高放大系数时还可增设电子放大器作为前级放大。如果改变 i_f的方向，则 U 的极性和 n 的转向都跟着改变，所以 G－M 系统的可逆运动是很容易实现的。图 3－9 所示为采用旋转变流机组供电时电动机可逆运行的机械特性。由图可见，无论正转减速还是反转减速时，系统都能够实现回馈制动，因此 G－M 系统是可以在允许转矩范围之内四象限运行的系统。

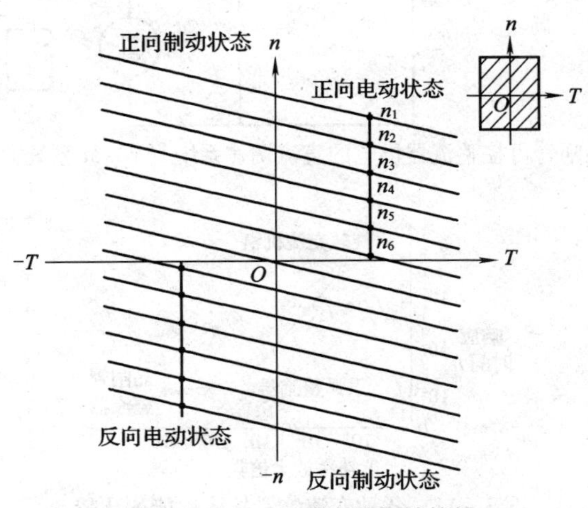

图 3－9 G－M 系统的机械特性

旋转变流机组供电的直流调速系统在 20 世纪 50 年代曾被广泛使用。由于该系统需要旋转变流机组至少包含两台与调速电动机容量相当的旋转电动机，还要一台励磁发电机，设备多、体积大、费用高、效率低，且安装时需打地基，运行有噪声，维护不方便，到了 20 世纪 60 年代逐渐被更为经济可靠的晶闸管整流器所代替。

二、静止可控整流器

静止可控整流器是用静止的可控整流器，例如晶闸管可控整流器，来获得可调的直流电压。

在静止可控整流方面，离子拖动系统是最早应用静止变流装置供电的直流调速系统。它虽然克服了旋转变流机组的许多缺点，而且还缩短了响应时间，但汞弧整流器造价较高，维护麻烦，特别是水银如果泄漏，会污染环境，危害人体健康。

1957 年晶闸管的问世，20 世纪 60 年代成套晶闸管整流装置的出现，使变流技术产生了根本性变革，自此变流技术进入晶闸管时代。目前，晶闸管－直流电动机调速系统（简称 V－M 系统）已成为直流调速系统的主要形式。图 3－10 所示为 V－M 系统的简单原理图，图中 V 代表晶闸管可控整流器，它可以是单相、三相，也可以是半波、全波、半控、全控等类型。通过调节触发装置 GT 的控制电压来移动触发脉冲的相位，即可改变整流电压 U_d，实现平滑调速。与旋转变流机组及离子拖动变流装置相比，晶闸管整流装置不仅在经济性和可靠性上有很大提高，而且在技术性能上也显示出较大的优越性。由图 3－11 可见，晶闸管可控整流器的功率放大倍数在 1×10^4 以上，其门极电流可以直接用晶体三极管来控制，不再像直流电动机那样需要较大功率放大装置。在控制作用的快速性方面，变流机组是秒级，而晶闸管整流器是毫秒级，大大提高了系统的动态性能。

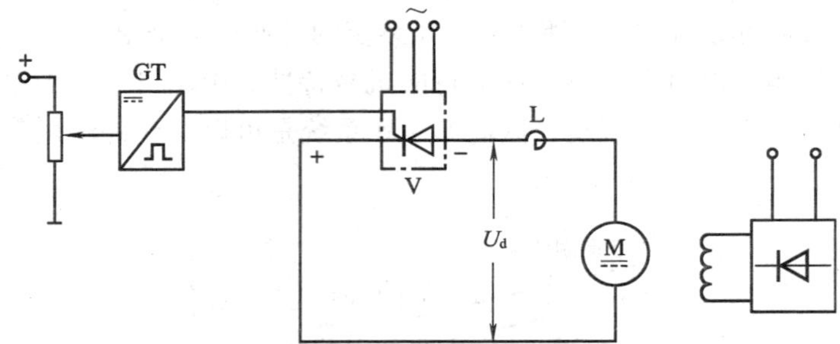

图 3－10　晶闸管可控整流器供电的直流调速系统（V－M 系统）简单原理图

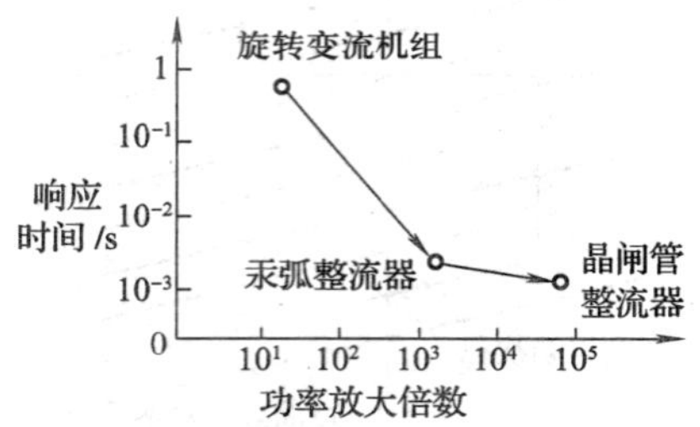

图 3－11　各种变流装置技术性能的比较

晶闸管整流器也有它的缺点。首先，由于晶闸管的单向导电性，它不允许电流反向流通，所以造成系统可逆运行困难。由半控整流电路构成的 V－M 系统只允许单象限运行（图 3－12a）；全控整流电路可以实现有源逆变，允许电动机工作在反转制动状态，因而能够获得二象限运行（图 3－12b）；需要实现四象限运行时（图 3－12c），只能用正、反两组全控整流电路，所用变流设备将增加一倍。

其次，晶闸管的过电压、过电流能力很小，任何一项指标超过允许值都可能在很短时间

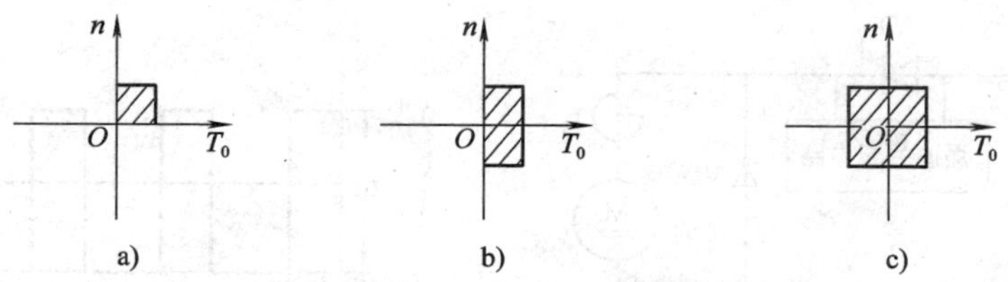

图 3－12　V－M 系统的运行范围

内损坏元件，因此必须有可靠的保护装置和符合要求的散热条件，而且在选择元件时还应留有足够的余量。只有元件质量过关，装置设计合理，保护设施齐备，晶闸管装置的运行才能十分可靠。

最后，当系统处在深调速状态，即在较低速运行时，晶闸管的导通角很小，使得系统的功率因数很低，并产生较大的高次谐波电流，会引起电网电压波形畸变，殃及附近的用电设备。如果采用晶闸管调速的设备在电网中容量占比较大，就会造成上述“电力公害”现象。在这种情况下，必须增设无功补偿和谐波滤波装置。

三、直流斩波器和脉宽调制变换器

直流斩波器和脉宽调制变换器是用恒定直流电源或可控整流电源供电，利用直流斩波器或脉宽调制变换器产生可变的平均电压。

在干线铁道、电力机车、工矿电力机车、城市电车和地铁电力机车等电力牵引设备上，常采用直流串励或复励电动机，由恒压直流电源供电。直流斩波器是将电压值固定的直流电，转换为电压值可变的直流电的装置。过去多用切换电阻来控制电车的启动、制动和调速，电能在电阻中损耗很大。现在多采用晶闸管来控制直流电压，大大降低了电能损耗。

采用晶闸管的直流斩波器其基本原理如图 3－13a 所示。在这里，晶闸管 VT 不受相位控制，工作在开关状态。当 VT 被触发导通时，电源电压 U_s 加到电动机上；当 VT 关断时，直流电源与电动机断开，电动机经二极管 VD 续流，如此反复。电枢端电压波形 $u=f(t)$ 如图 3－13b 所示，如同是电源电压 U_s 在一段时间（$T-t_{on}$）内被斩断后形成的。这样，电动机得到的平均电压为

$$U_{d0} = t_{on}U_s/T = \rho U_s \tag{3-1}$$

式中　T——晶闸管的开关周期；

t_{on}——晶闸管的导通时间；

ρ——占空比。

晶闸管一旦导通，就不能再用门极触发信号来使它关断。若要关断，必须在阳、阴极间施加反向电压，这就需要一种附加的强迫关断电路。受晶闸管关断时间的限制，由普通晶闸管构成的斩波器的开关频率只能是 100～200 Hz。为了缩小装置的体积，可用逆导晶闸管代替普通晶闸管，开关频率也可适当提高，达到 300 Hz。

直流斩波器的平均输出电压 U_{d0} 可以通过改变主晶闸管的导通和（或）关断时间来调节。图 3－14 所示为几种常用控制方式的电压、电流波形。

脉冲宽度调制（pulse width modulation，简称 PWM）的脉冲周期 T 不变，只改变主晶闸管的导通时间 t_{on}，即可改变脉冲的宽度，如图 3－14a 所示。

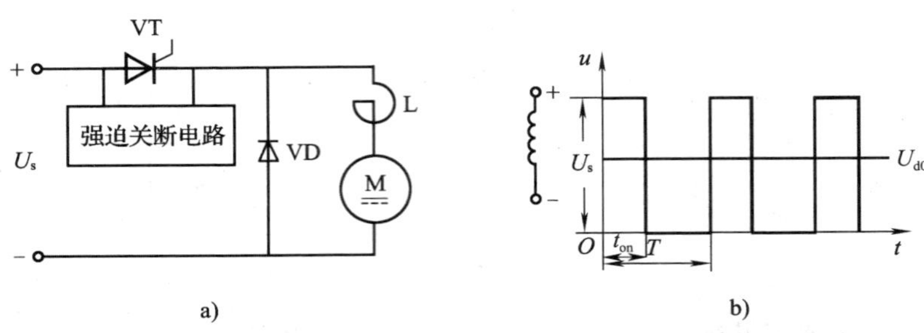

图 3－13　采用晶闸管的直流斩波器原理图和电枢端电压波形

a）原理图　b）电压波形

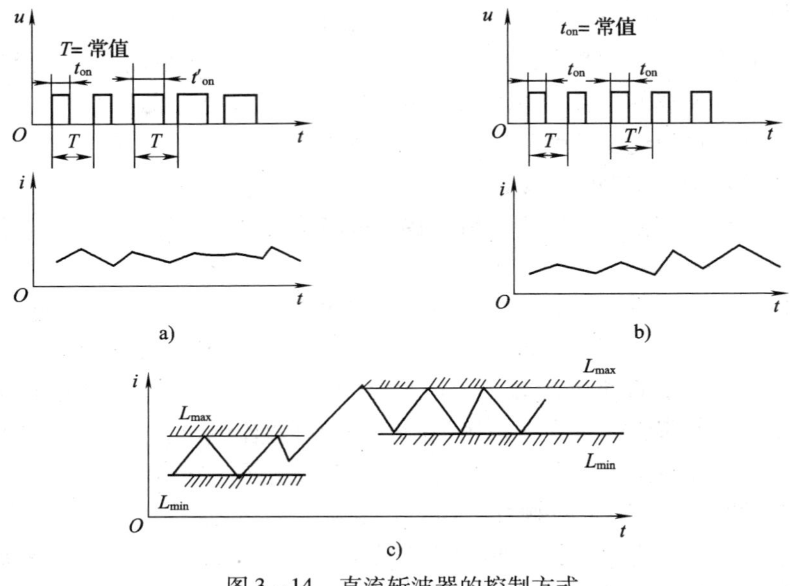

图 3－14　直流斩波器的控制方式

a）脉冲宽度调制　b）脉冲频率调制　c）两点式控制

脉冲频率调制（pulse frequency modulation，简称 PFM）的导通时间不变，只改变开关频率 f 或开关周期 T，也就是只改变晶闸管关断的时间，如图 3－14b 所示。

两点式控制是当负载电流或电压低于某一最小值时，使 VT 触发导通；当电流或电压达到某一最大值时，使 VT 关断。导通和关断的时间都是不确定的，如图 3－14c 所示。

由普通晶闸管或逆导晶闸管构成的斩波开关频率不高，因而输出电流脉动较大，调速范围有限。此外，附加的强迫关断电路也增加了装置的体积和复杂性。为了适应大功率开关电路的要求，20 世纪 70 年代以来，研究者们研制出了多种既能控制其导通又能控制其关断的“全控式”电力电子器件，如门极可关断晶闸管（GTO）、电力晶体管（GTR）、电力场效应管（P—MOSFET）等。全控式器件的关断时间短，因而由它们构成的斩波器的工作频率可以提高到 1～4 kHz，甚至达到 20 kHz。用全控式器件实行开关控制时，多用脉冲宽度调制的控制方式，形成近年来应用日益广泛的直流电机脉冲宽度调制调速系统，即 PWM 调速系统。

与 V－M 系统相比，PWM 调速系统有下列优点：

（1）PWM调速系统的开关频率较高，仅靠电枢电感的滤波作用就足以获得脉动很小的直流电流，电枢电流容量连续，系统的低速运行平稳，调速范围较宽，可达1:10 000左右。电流波形比V－M系统好，在相同的平均电流即相同的输出转矩下，电动机的损耗和发热都较小。

（2）开关频率高，若与快速响应的电动机相配合，系统可以获得很宽的频带，快速响应性能好。动态抗干扰能力强。

（3）电力电子器件只工作在开关状态，主电路损耗较小，装置效率较高。

因受到器件容量的限制，故直流PWM调速系统目前只用于中、小功率的系统。

§3－3　晶闸管－直流电动机调速系统的特征

晶闸管－直流电动机调速系统是目前应用比较普遍的直流调速系统，分析这类系统所用的基本概念和方法可以作为分析其他系统的基础。

本节根据分析调速系统的需要，重点归纳分析V－M系统。

一、触发脉冲相位控制

如图3－10所示在V－M系统中，调节给定电压，即移动触发装置GT输出脉冲的相位，能够很方便地改变整流器的输出电压U_d，如果把整流装置内部的电阻压降、器件正向压降和变压器漏抗引起的换相压降都移到整流装置外面，当作负载电路压降的一部分，那么整流电压便可用其理想空载瞬时值u_{d0}或平均值U_{d0}来代替，相当于用图3－15所示的等效电路代替图3－10所示的实际主电路。此时瞬时电压平衡方程式可写作

$$u_{d0} = E + i_d R + L\frac{di_d}{dt} \tag{3-2}$$

式中　L——主电路总电感；

R——主电路总的等效电阻，包括整流装置内阻、电动机电枢电阻和平波电抗器电阻；

E——电动机反电动势；

i_d——整流电流瞬时值。

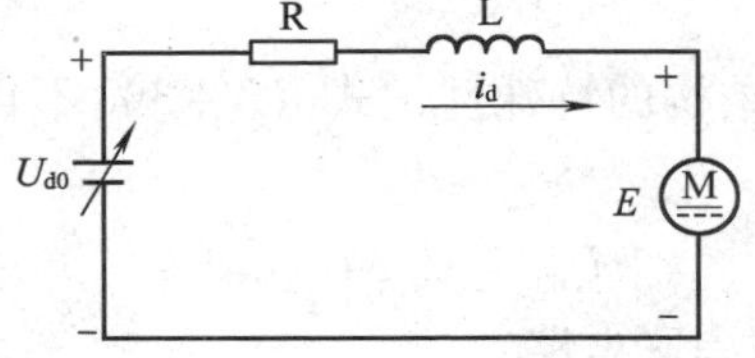

图3－15　V－M系统主电路的等效电路

对u_{d0}进行积分即得理想空载整流电压的平均值U_{d0}。

用触发脉冲的相位控制整流电压平均值是晶闸管整流器的主要特点。U_{d0}与触发脉冲相

位 α 的关系因整流电路的形式而异。对于一般全控式整流电路，当电流波形连续时，

$$U_{d0} = \frac{m}{\pi} U_m \sin \frac{\pi}{m} \cos \alpha \tag{3-3}$$

式中 α——从自然换相点算起的触发脉冲控制角；

U_m——$\alpha = 0$ 时的整流电压波形的峰值；

m——交流电源一周内的整流电压脉波数。

对于不同的整流电路，它们的数值见表 3－1。

表 3－1　不同整流电路的整流电压波形峰值、脉波数及平均整流电压

整流电路	单相全波	三相半波	三相全波	六相半波
U_m	$\sqrt{2}U_2$	$\sqrt{2}U_2$	$\sqrt{6}U_2$	$\sqrt{2}U_2$
m	2	3	6	6
U_{d0}	$0.9U_2\cos\alpha$	$1.17U_2\cos\alpha$	$2.34U_2\cos\alpha$	$1.35U_2\cos\alpha$

注：U_2是整流变压器二次侧额定相电压的有效值。

在 1 000 kW 以上的大功率调速系统中，常采用双三相桥构成十二相整流电路，两组桥交流电源分别由整流变压器的两套二次绕组提供，一套接成△形，另一套接成 Y 形，使输出相电压相位错开 30°，共同构成 $m = 12$ 的整流电路，如图 3－16 所示，以进一步减小输出电流的脉动分量。

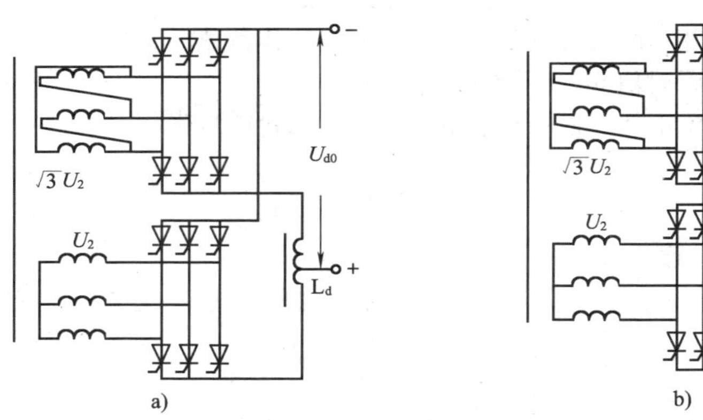

图 3－16　双三相桥组成的十二相整流电路

a）双桥并联带平衡电抗器 L_d　b）双桥串联

由于这种十二相整流电压结构的特殊性，式（3－3）不再适用。对于图 3－16a 所示的双桥并联带平衡电抗器电路，

$$U_{d0} = 2.34U_2\cos\alpha \tag{3-4}$$

对于图 3－16b 所示的双桥串联电路，

$$U_{d0} = 4.68U_2\cos\alpha \tag{3-5}$$

二、电流脉动的影响及其抑制措施

整流电路的脉波数 $m = 2, 3, 6, 12, \cdots$，其数目总是有限的，比直流电动机每对极下换向片的数目要少得多。因此，除非主电路电感 $L = \infty$，否则 V－M 系统的电流脉动总比

G－M 系统严重。这样一来，会产生两个方面的问题：一是脉动电流产生脉动的转矩，对生产机械不利；二是脉动电流造成较大的谐波分量，流入电源后对电网不利，同时也增加电动机发热量。

因此，在应用 V－M 系统时，首先要考虑抑制电流脉动的问题，其主要措施有两个：一是增加整流电压的相数；二是设置平波电抗器。平波电抗器的电感量一般按低速轻载时保证电流连续的条件来选择，通常给定最小电流 I_{dmin}（以 A 为单位），再利用它计算所需的总电感量（以 mH 为单位）。对于单相桥式全控整流电路有

$$L = 2.87U_2/I_{dmin} \tag{3-6}$$

对于三相半波整流电路有

$$L = 1.46U_2/I_{dmin} \tag{3-7}$$

对于三相桥式整流电路有

$$L = 0.693U_2/I_{dmin} \tag{3-8}$$

式中，I_{dmin}一般可取电动机额定电流的 5%～10%。

由于电流波形的脉动，可能存在电流连续和断续两种情况，这也是 V－M 系统不同于 G－M 系统的一个特点。当 V－M 系统主电路串接的电抗器有足够大的电感量，而且电动机的负载电流也足够大时，整流电流的波形便可能是连续的，如图 3－17a 所示。当电感较小而且负载较轻时，一相导通电流上升时电感中的储能较少，在电流下降而下一相尚未被触发之前，电流已衰减到零，便产生波形断续的现象，如图 3－17b 所示。电流波形的断续给用平均值描述的系统方程带来一种非线性的因素，造成机械特性的非线性，一般应尽量避免。

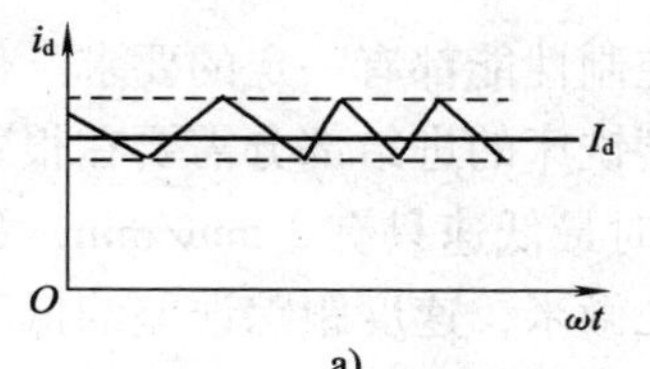

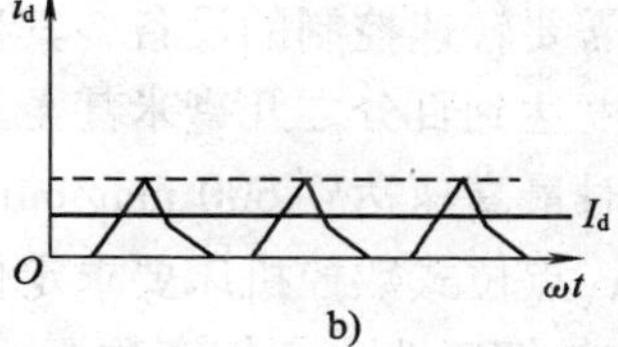

图 3－17 V－M 系统的电流波形

a）电流连续 b）电流断续

三、V－M 系统的机械特性

当电流连续时，V－M 系统的机械特性方程式为

$$n = (U_{d0} - I_dR)/C_e = [(mU_m/\pi)\sin(\pi/m)\cos\alpha - I_dR]/C_e \tag{3-9}$$

式中 C_e——电动机在额定磁通下的电动势转速比，$C_e = K_e\Phi$。

式（3－9）中，改变控制角 α 可得一簇平行直线，如图 3－18 所示。机械特性上平均电流较小时电流波形可能断续，式（3－9）不再适用。上述结论表明，只要电流连续，晶闸管可控整流器就可以看成线性可控电压源。

当电流断续时，机械特性方程要复杂得多。

图 3－19 所示为 V－M 系统的完整机械特性，其中包含了整流状态和逆变状态、连续区和断续区。由图可见，当电流连续时，V－M 系统的机械特性比较硬；断续段特性则很软，而且呈非线性，理想空载转速较高。一般分析调速系统时，只要主电路电感足够大，就可以

近似地只考虑连续段，即用连续段特性及其延伸的虚线作为系统的特性。对于断续特性比较显著的情况，这样近似偏离实际较远，可以改为另一段较陡的直线来逼近断续段特性，如图 3－20 所示，这相当于把总电阻 R 换成一个更大的等效电阻 R'，其数值可以从实测的断续段特性上计算出来。严重时 R' 可达实际电阻 R 的几十倍。

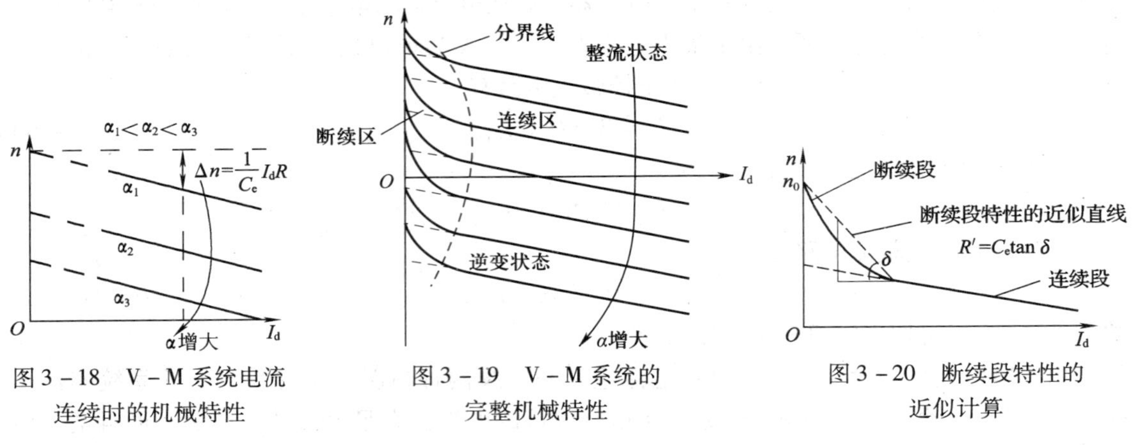

图 3－18　V－M 系统电流连续时的机械特性

图 3－19　V－M 系统的完整机械特性

图 3－20　断续段特性的近似计算

§3－4　反馈控制闭环调速系统的稳态分析

一、转速控制的要求和调速指标

任何一台需要转速控制的设备，其生产工艺对控制性能都有一定的要求。例如，精密机床要求加工精度达到百分之几毫米甚至几微米；重型铣床的进给部分需要在很宽的范围内调速，快速移动时最高速达到 600 mm/min，而精加工时最低速只有 2 mm/min，最高速和最低速相差 300 倍；点位式数控机床要求定位精度达到几微米，速度跟踪误差约低于定位精度的 1/2。又如，在轧钢工业中，年产数百万吨钢锭的大型现代化初轧机，其轧辊电动机容量达到几千千瓦，在不到 1 s 的时间内需要完成从正转到反转的全部过程；轧制薄钢带的高速冷轧机最高轧速达到 37 m/s 以上，而成品厚度误差不大于 1%；在造纸工业中，日产新闻纸 400 t 以上的高速造纸机，卷纸速度达到 1 000 m/min，要求稳速误差小于 ±0.01%；等等。所有这些要求，都是生产设备量化的技术指标，经过一定折算，可以转化成电力拖动控制系统的稳态或动态性能指标，作为设计系统的依据。

对于调速系统的转速控制要求，归纳起来，有以下三个方面：

调速——在一定的最高转速和最低转速范围内，分挡（有级）或平滑地（无级）调节转速。

稳速——以一定的精度在所需转速上稳定运行，在各种可能的干扰下不允许有过大的转速波动，以确保产品质量。

加、减速——频繁启、制动的设备要求尽量快地加、减速以提高生产率；不宜经受剧烈速度变化的机械则要求启、制动尽量平稳。

以上三个方面有时都需要具备，有时只要求具备其中一项或两项。特别是调速和稳速两项，常常在各种场合下都会遇到。为了进行定量分析，针对这两项要求定义两个调速指标，即调速范围和静差率。这两项指标合在一起称为调速系统的稳态性能指标。

1. 调速范围

生产机械要求电动机提供的最高转速 n_{max} 和最低转速 n_{min} 之比称为调速范围，用字母 D 表示，即：

$$D = n_{max}/n_{min} \tag{3-10}$$

其中，n_{max} 和 n_{min} 一般是指电动机在额定负载时的转速要求，对于少数负载很轻的机械，例如，精密磨床，也可用实际负载时的转速。

2. 静差率

当系统在某一转速下运行时，负载由理想空载增加到额定值所对应的转速降落 Δn_{nom}，与理想空载转速 n_0 之比，称为静差率 S，即：

$$S = \Delta n_{nom}/n_0 \tag{3-11}$$

或用百分数表示为：

$$S = (\Delta n_{nom}/n_0) \times 100\% \tag{3-12}$$

显然，静差率是用来衡量调速系统在负载变化下转速的稳定度的，它和机械特性的硬度有关。特性越硬，静差率越小，转速的稳定度就越高。

然而静差率和机械特性硬度又是有区别的。一般调压调速系统不同转速下的机械特性是互相平行的，如图 3-21 中的特性 a 和 b，两者的硬度相同，额定速降相等；但它们的静差率却不同，因为理想空载转速不一样。根据公式（3-11），由于 $n_{0a} > n_{0b}$，所以 $S_a < S_b$。这就是说，对于同样硬度的特性，理想空载转速越低，静差率越大，转速的相对稳定度也就越差。若理想空载转速 n_0 为 1 000 r/min 时降落 10 r/min，只占 1%；在 n_0 为 100 r/min 时降落 10 r/min，却占 10%；如果 n_0 只有 10 r/min，降落 10 r/min 时，电动机就会停止转动。

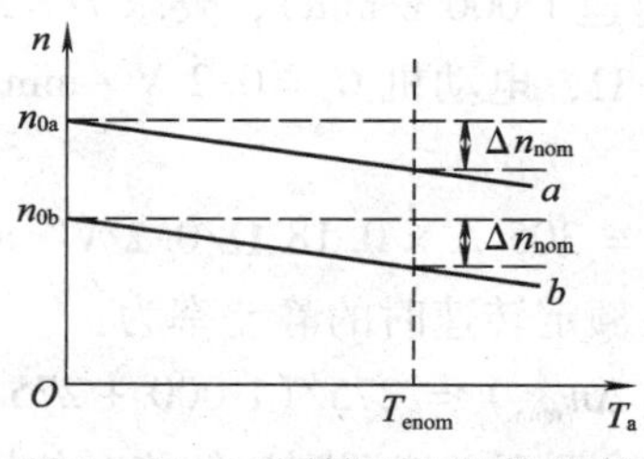

图 3-21　不同转速下的静差率

由此可见，调速范围和静差率这两项指标并不是彼此孤立的，必须同时考虑才有意义。一个调速系统的调速范围，是指在最低速时还能满足所提静差率要求的转速可调范围。

3. 调压调速系统中调速范围、静差率和额定速降之间的关系

在直流电动机调压调速系统中，常以电动机的额定转速 n_{nom} 为最高转速，若带额定负载时的转速降落为 Δn_{nom}，则按照以上的分析结果，该系统的静差率应该是最低速时的静差率，即：

$$S = \Delta n_{nom}/n_{nomin}$$

由于 $n_{min}=n_{nomin}-\Delta n_{nom}=\Delta n_{nom}/S-\Delta n_{nom}=(1-S)\Delta n_{nom}/S$，而调速范围为：

$$D=n_{max}/n_{min}=n_{nom}/n_{min}$$

将上面的 n_{min} 计算式代入，得：

$$D=Sn_{nom}/[\Delta n_{nom}(1-S)] \tag{3-13}$$

公式（3－13）表示调速范围、静差率和额定速降之间所应满足的关系。对于同一个调速系统，它的特性硬度或 Δn_{nom} 值是一定的。因此，由式（3－13）可见，如果对静差率的要求越严，也就是说，要求 S 越小时，系统能够允许的调速范围也越小。例如，某调速系统额定转速 $n_{nom}=1\ 430$ r/min，额定速降 $\Delta n_{nom}=115$ r/min，当要求静差率 $S\leqslant 30\%$ 时，允许的调速范围是：

$$D\leqslant 1\ 430\times 0.3/[115\times(1-0.3)]\approx 5.3$$

如果要求 $S\leqslant 20\%$，则调速范围只有：

$$D\leqslant 1\ 430\times 0.2/[115\times(1-0.2)]\approx 3.1$$

二、开环调速系统的性能和存在的问题

在如图 3－10 所示的 V－M 系统中，仅用触发装置 GT 的控制电压来调节电动机转速，是开环控制的调速系统，如果对静差率要求不高的话，它也能实现一定范围内的无级调速。但是，许多无级调速的生产机械常常对静差率提出一定的要求。例如，龙门刨床，由于毛坯表面不平，加工时负载常有波动，但为了保证加工精度，速度却不容许有较大的变化，一般要求调速范围 D 为 20～40，静差率 $S<5\%$。又如热连轧机，各机架轧辊分别由单独的电动机拖动，钢材在几个机架内同时轧制，要求各机架出口线速度保持严格的比例关系，以保证被轧金属的每秒流量相等，才不致造成钢材拱起或拉断。根据工艺要求，须使调速范围 $D=10$，保证静差率 $S<0.5\%$。

例如，某龙门刨床工作台拖动采用 Z2—93 型直流电动机（额定功率 60 kW、额定电压 220 V、额定电流 305 A、额定转速 1 000 r/min），要求 $D=20$，$S\leqslant 5\%$。如果使用 V－M 系统，已知主回路总电阻 $R=0.18\ \Omega$，电动机 $C_e=0.2$ V·min/r，则当电流连续时，其在额定负载下的转速降落为：

$$\Delta n_{nom}=I_{dnom}R/C_e=305\ \text{A}\times 0.18\ \Omega/0.2\ \text{V}\cdot\text{min/r}=275\ \text{r/min}$$

开环系统机械特性连续段在额定转速时的静差率为：

$$S_{nom}=\Delta n_{nom}/(n_{nom}+\Delta n_{nom})=275/(1\ 000+275)\approx 0.216=21.6\%$$

这已大大超过了 5% 的要求，更不必谈调到最低速时的情况了。

如果要满足 $D=20$，$S\leqslant 5\%$ 的要求，由公式（3－13）可知：

$$\Delta n_{nom}=Sn_{nom}/[D(1-S)]\leqslant 0.05\times 1\ 000\ \text{r/min}/[20\times(1-0.05)]\approx 2.63\ \text{r/min}$$

将额定速降从 275 r/min 降低到 2.63 r/min 以下，开环系统本身是无能为力的，但可通过采用闭环反馈控制来实现。

三、闭环调速系统的组成及其静特性

在电动机轴上安装一台测速发电机 TG，从而引出被调量（与转速成正比的负反馈电压 U_n）与对应转速下的给定电压 U_n^* 相比较后，得到偏差电压 ΔU_n，经过放大器 K_p，产生触发装置 GT 的控制电压 U_{ct}，用以控制电动机转速。这就组成了反馈控制的闭环调速系统，其原理框图如图 3－22 所示。根据自动控制原理，反馈闭环控制系统是按被调量的偏差进行控制的系统。只要被调量出现偏差，它就会自动产生纠正偏差的作用。转速降落正是由负载引起的转速偏差，显然，闭环调速系统能够大大减少转速降落。

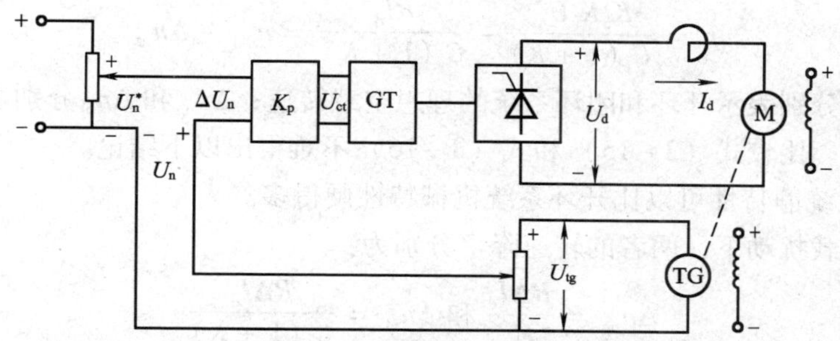

图 3－22　采用转速负反馈的闭环调速系统原理框图

下面分析该闭环调速系统的稳态特性。为了突出主要矛盾，先作如下假定：

（1）忽略各种非线性因素，假定各环节的输入输出关系都是线性的。

（2）假定只工作在 V－M 系统机械特性的连续段。

（3）忽略直流电源和电位器的内阻。

这样，采用转速负反馈的闭环调速系统中各环节的稳态关系如下。

电压比较环节：　$\Delta U_n = U_n^* - U_n$

放大器：　$U_{ct} = K_p \Delta U_n$

晶闸管整流器与触发装置：　$U_{d0} = K_s U_{ct}$

V－M 系统开环机械特性：　$n = (U_{d0} - I_d R)/C_e$

测速发电机：　$U_n = \alpha n$

以上各关系式中：

K_p——放大器的电压放大系数；

K_s——晶闸管整流器与触发装置的电压放大系数；

α——测速反馈系数，V · min/r。

从上述五个关系式中消去中间变量。整理后，即得转速反馈闭环调速系统的静特性方程式：

$$n = (K_p K_s U_n^* - RI_d)/[C_e(1 + K)] \tag{3-14}$$

式中，$K = K_p K_s \alpha / C_e$为闭环系统的开环放大系数，它相当于在测速发电机输出端把反馈回路断开后，从放大器输入起直到测速发电机输出为止总的电压放大系数，是各个环节单独的放大系数的乘积。须注意，这里是以 $1/C_e = n/U_{d0}$作为电动机环节的放大系数。

闭环调速系统的静特性表示闭环系统电动机转速与负载电流（或转矩）的稳态关系，它在形式上与开环机械特性相似，但本质上却有很大不同。故定名为“静特性”。

四、开环系统机械特性和闭环系统静特性的比较

比较一下开环系统的机械特性和闭环系统的静特性，就能清楚地看出闭环反馈控制的优越性。如果断开反馈回路，则上述系统的开环机械特性为：

$$n = \frac{U_{d0} - I_d R}{C_e} = \frac{K_p K_s U_n^*}{C_e} - \frac{RI_d}{C_e} = n_{0op} - \Delta n_{op} \qquad (3-15)$$

而闭环时的静特性可写成：

$$n = \frac{K_p K_s U_n^*}{C_e(1+K)} - \frac{RI_d}{C_e(1+K)} = n_{0cl} - \Delta n_{cl} \qquad (3-16)$$

式中，n_{0op}和n_{0cl}分别表示开环和闭环系统的理想空载转速；Δn_{op}和Δn_{cl}分别表示开环和闭环系统的稳态速降。比较式（3－15）和式（3－16）不难得出以下结论。

（1）闭环系统静特性可以比开环系统机械特性硬得多。

在同样的负载扰动下，两者的转速降落分别为：

$$\Delta n_{op} = \frac{R\Delta I_d}{C_e} \text{和} \Delta n_{cl} = \frac{R\Delta I_d}{C_e(1+K)}$$

它们的关系是：

$$\Delta n_{cl} = \frac{\Delta n_{op}}{1+K} \qquad (3-17)$$

显然，当K值较大时，Δn_{cl}比Δn_{op}小得多，也就是说，闭环系统的特性要硬得多。

（2）n_0相同的开环和闭环系统，后者的静差率要小得多。

闭环系统和开环系统的静差率分别为：

$$S_{cl} = \frac{\Delta n_{cl}}{n_{0cl}} \text{和} S_{op} = \frac{\Delta n_{op}}{n_{0op}}$$

当$n_{0op} = n_{0cl}$时，有：

$$S_{cl} = \frac{S_{op}}{1+K} \qquad (3-18)$$

（3）当要求的静差率一定时，闭环系统可以大大提高调速范围。

如果电动机的最高转速都是n_{nom}，对最低速静差率的要求也相同，那么，由式（3－13）可得出，

开环时：

$$D_{op} = \frac{n_{nom}S}{\Delta n_{op}(1-S)}$$

闭环时：

$$D_{cl} = \frac{n_{nom}S}{\Delta n_{cl}(1-S)}$$

再考虑式（3－17），可得：

$$D_{cl} = (1+K)D_{op} \qquad (3-19)$$

需要指出的是，式（3－19）的条件是开环和闭环系统的n_{nom}相同，而式（3－18）的条件是n_0相同，两式在数量上略有差别。

（4）要取得上述三项优越性，闭环系统必须设置放大器。

上述三项优点若要有效，都取决于一点，即K要足够大。在闭环系统中，引入转速反馈电压U_n后，若要使转速偏差小，$\Delta U_n = U_n^* - U_n$就必须控制得很低，所以必须设置放大器，才能获得足够的控制电压U_{ct}。但在开环系统中，由于U_n^*和U_{ct}是属于同一数量级的电压，可以把U_n^*直接当作U_{ct}来控制，放大器便是多余的了。

仍以前面引用的龙门刨床为例进行计算。已知 $\Delta n_{op}=275$ r/min，要满足 $D=20$，$S\leqslant5\%$ 的要求，须有 $\Delta n_{cl}\leqslant2.63$ r/min，由式（3－17）可知：

$$K=\frac{\Delta n_{op}}{\Delta n_{cl}}-1\geqslant\frac{275}{2.63}-1\approx103.6$$

若已知 V－M 系统的参数为 $C_e=0.2$ V·min/r，$K_s=30$，$\alpha=0.015$ V·min/r，则：

$$K_p=\frac{K}{K_s\alpha/C_e}\geqslant\frac{103.6}{30\times0.015/0.2}\approx46$$

即只要放大器的放大系数大于或等于46，闭环系统即能满足所要求的稳态性能指标。

把以上四个特点概括起来，可得出以下结论：闭环系统可以获得比开环系统硬得多的稳态特性，从而在保证一定静差率的要求下，提高调速范围。为此所付出的代价是，需增设检测和反馈装置以及电压放大器。

在开环系统中，当负载电流增大时，电枢压降也增大，转速就会下降。闭环系统装有反馈装置，转速稍有下降，反馈电压就反映出来，通过比较和放大，提高晶闸管装置的输出电压 U_d，使系统工作在新的机械特性上，使得转速又有所回升。在图 3－23 中，设原始工作点为 A，负载电流为 I_{d1}，当负载电流增大到 I_{d2} 时，开环系统的转速必然降到 A' 点对应的数值。而在闭环系统中，由于反馈调节作用，电压可升到 U_{d2}，使工作点变成 B，稳态速降比开环系统小得多。这样在闭环系统中，每增加或减少一点负载，就相应地提高或降低一点整流电压，因而就改变一条机械特性。闭环系统的静特性就是这样在许多开环机械特性各取一个相应的工作点（A，B，C，D），再由这些点连接而成，如图 3－23 所示。

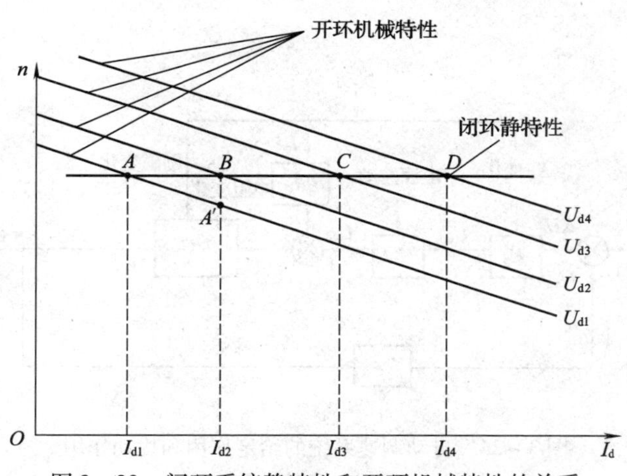

图 3－23　闭环系统静特性和开环机械特性的关系

由此看来，闭环系统能够减少稳态速降的实质在于它的自动调节作用，它能够随负载的变化而相应地改变整流电压。

五、反馈控制规律

转速闭环调速系统是一种基本的反馈控制系统，它具有反馈控制的基本规律。

1. 被调量有静差

具有比例放大器的闭环反馈控制系统是有静差的。从上一节对静特性的分析中可以看出，闭环系统的开环放大系数 K 对系统的稳态性能影响很大。K 越大，静特性就越硬，稳态速降越小，在一定静差率要求下的调速范围越广，稳态性能就越好。

然而，由于设置的放大器仅仅是一个比例放大器（K_s = 常数），所以稳态速差只能减小，不可能消除，原因是闭环系统的稳态速降为：

$$\Delta n_{cl} = \frac{RI_d}{C_e(1+K)}$$

只有 $K=\infty$ 才能使 $\Delta n_{cl}=0$，而这是不可能的。因此，这样的调速系统称为有静差调速系统。这种系统正是依靠被调量偏差的变化实现控制作用的。

2. 抵抗扰动与服从给定

闭环反馈控制系统具有良好的抗扰性能，它对于被负反馈环包围的前向通道上的一切扰动作用都能有效地加以抑制。

除给定信号外，作用在控制系统上一切会引起被调量变化的因素都称为扰动作用。前面只讨论了负载变化引起转速降落这一种扰动作用，除此之外，交流电源电压的波动、电动机励磁的变化、放大器输出电压的漂移、温升引起的主电路电阻增大等因素都和负载变化一样会引起被调量转速的变化，因而都是调速系统的扰动作用。作用在前向通道上的任何一种扰动作用的影响都会被测速发电机检测出来，通过反馈控制，减小它们对稳态转速的影响。图 3－24 所示的稳态结构图上画出了各种扰动作用，其中代表电流 I_d 的箭头表示负载扰动，其他指向各方框的箭头分别表示会引起该环节放大系数变化的扰动作用。此图清楚地表明：凡是被反馈包围的加在控制系统前向通道上的扰动作用对被调量的影响都会受到反馈控制的抑制。

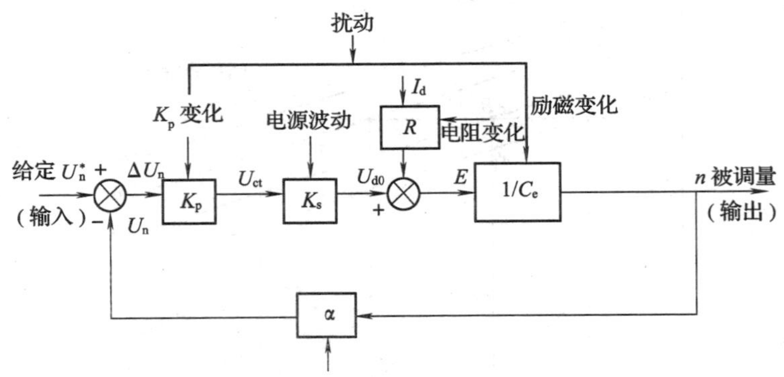

图 3－24　自动调速系统的给定作用和扰动作用

抗扰性能是反馈闭环控制系统最突出的特征。正因为有这一特征，在设计闭环系统时，一般只考虑一种主要扰动，例如，在调速系统中只考虑负载扰动。按照克服负载扰动的要求进行设计，则其他扰动也就自然都受到抑制。

由图 3－24 还可看到，给定作用如果有细微的变化，被调量都会立即随之变化，丝毫不受反馈作用的抑制。因此，反馈控制系统一方面能够有效地抑制一切被包在负反馈环内前向通道上的扰动作用；另一方面，则紧紧地跟随着给定信号，对给定信号的任何变化都将完全响应。

3. 系统精度依赖于给定和反馈检测精度

闭环反馈控制系统对给定稳压电源和被调量检测装置中的扰动无能为力。因此，控制系统精度依赖于给定稳压电源和反馈量检测元件的精度。

如果给定稳压电源发生了不应有的波动，则被调量也要跟着变化。反馈控制系统无法鉴别是正常的调节给定电压还是给定稳压电源的变化。因此，高精度的调速系统需要有更高精度的给定稳压电源。

§3－5　电压反馈电流补偿控制的调速系统分析

被调量的负反馈是闭环控制系统的基本反馈形式，对调速系统来说就是要用转速负反馈，再采用前面所述的控制与校正方法，以获得比较满意的静、动态性能。但是，要实现转速负反馈必须有转速检测装置，在模拟控制中多采用测速发电机。安装测速发电机时，必须使它的轴和主电动机的轴严格同心，使它们能平稳地同轴运转，对于维护工作增添了不少负担。此外，测速反馈信号中含有各种交流纹波，会给调试和运行带来麻烦。因此，人们会想到，对于调速指标要求不高的系统，能否考虑省掉测速发电机取而代之以其他更方便的反馈方式。电压反馈和电流补偿控制正是用来解决这个问题的。

一、电压负反馈调速系统

如果忽略电枢压降，直流电动机的转速与电枢两端电压近似成正比，所以电压负反馈基本上能够代替转速负反馈的作用。采用电压负反馈的调速系统，其原理如图 3－25a 所示。在这里作为反馈检测元件的只是一个起分压作用的电位器，它比测速发电机要简单得多。电压反馈信号 $U_n=\gamma U_d$，γ 称作电压反馈系数。

图 3－25b 所示为电压负反馈调速系统的结构图，它和图 3－22 的转速负反馈系统结构图不同的地方仅在于负反馈信号的取出处。电压负反馈取自电枢端电压 U_d，为了在结构图上把 U_d显示出来，把电阻 R 分成两个部分，即：

$$R = R_{rec} + R_a$$

式中　R_{rec}——晶闸管整流装置的内阻（含平波电抗器电阻）；

R_a——电枢电阻。

因而

$$U_{d0} - I_d R_{rec} = U_d$$

$$U_d - I_d R_a = E$$

利用结构图运算规则，可将图 3－25b 分解为如图 3－25c，d，e 所示的三个部分，先分别求出每部分的输入输出关系，再叠加起来，即得电压负反馈调速系统的静特性方程式：

$$n = \frac{K_p K_s U_n^*}{C_e(1+K)} - \frac{R_{rec} I_d}{C_e(1+K)} - \frac{R_a I_d}{C_e} \qquad (3-20)$$

$$K = \gamma K_p K_s$$

从方程式可以看出，电压负反馈把被反馈包围的整流装置的内阻等引起的静态速降减小到 1/（1＋K），由电枢电阻引起的速降 $R_a I_d / C_e$仍和开环系统一样。这一点在结构图上也是很明显的。因为电压负反馈系统实际上只是一个自动调压系统，扰动量 I_dR_a 不在反馈环包围之内，电压反馈对由它引起的速降当然就无能为力了。同样，对于电动机励磁电流变化所造成的扰动，电压反馈也无法克服。因此，电压负反馈调速系统的静态速降比同等放大系数的转速负反馈系统要大一些，稳态性能要差一些。在实际系统中，为了尽可能减小静态速降，电压负反馈的两根引出线应该尽量靠近电动机电枢两端。

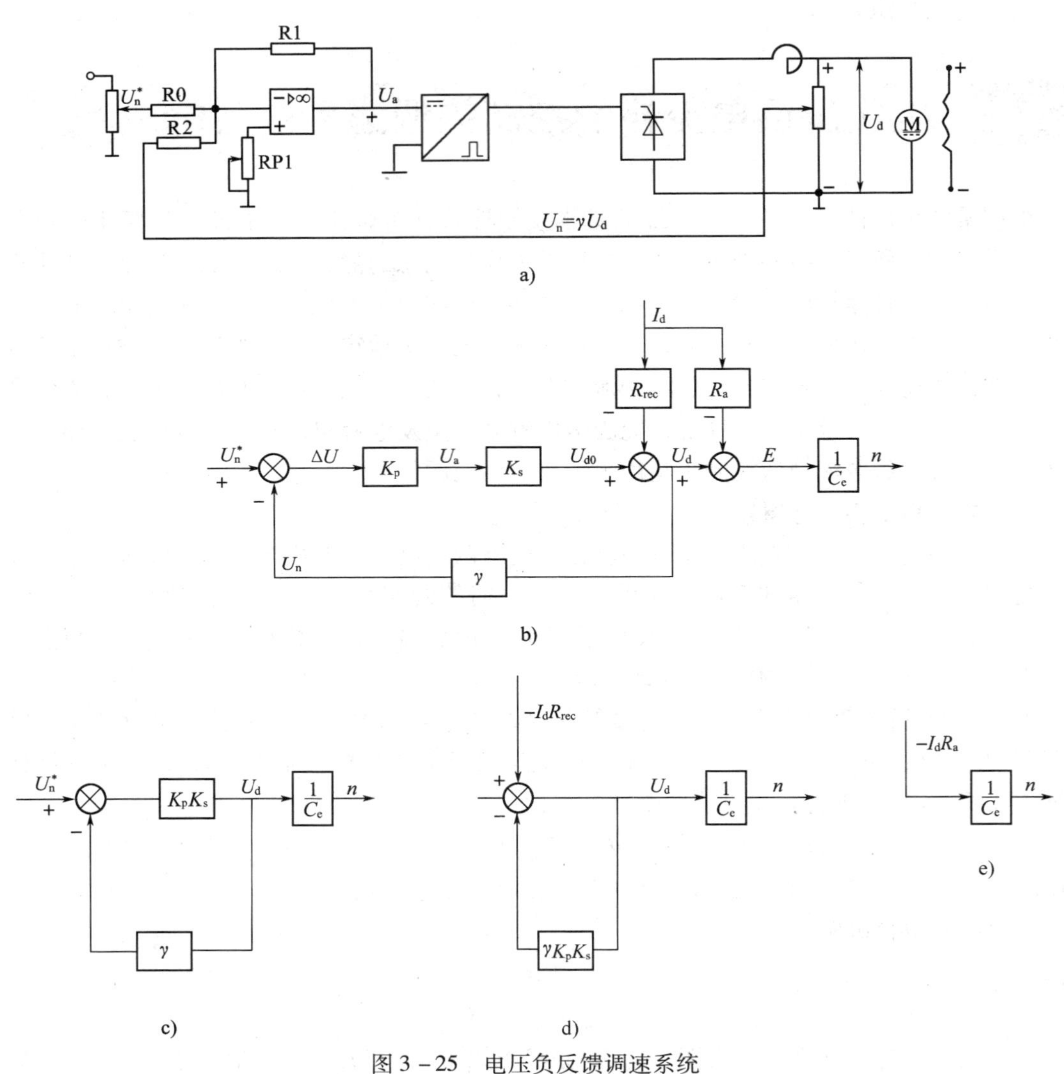

图 3－25　电压负反馈调速系统

a）原理图　b）结构图　c）～e）拆分的结构图

二、电流正反馈和补偿控制规律

仅采用电压负反馈的调速系统固然可以省去一台测速发电机，但是，由于它不能弥补电枢压降所造成的转速降落，调速性能不如转速负反馈系统。在采用电压负反馈的基础上，再增加一些简单的措施，使系统能够接近转速反馈系统的性能是完全可以的，电流正反馈便是这样的一种措施。

图 3－26 所示为附加电流正反馈的电压负反馈调速系统原理图。图中电压负反馈系统部分与图 3－25 相同，在主电路中串入取样电阻 R_s，由 I_dR_s 取电流正反馈信号。要注意串联 R_s 的位置应使 I_dR_s 的极性与转速给定信号 U_n^* 的极性一致，而与电压反馈信号 $U_n=\gamma U_d$ 的极性相反，在运算放大器的输入端，转速给定和电压负反馈的输入回路电阻相同，即 $R_0=R_3$，电流正反馈输入回路的电阻为 R2，以便获得适当的电流反馈系数 β，其定义为：

$$\beta = \frac{R_0}{R_2}R_s \tag{3-21}$$

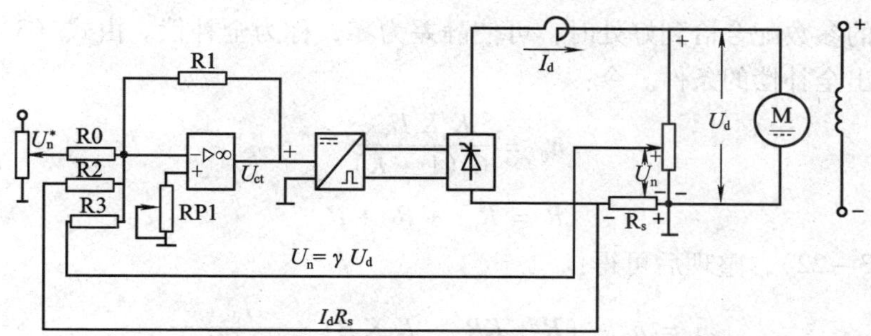

图 3－26　带电流正反馈的电压负反馈调速系统原理图

当负载增大使静态速降增加时，电流正反馈信号也增大，通过运算放大器使晶闸管整流装置控制电压随之增加，从而补偿了转速的降落。因此，电流正反馈的作用又称作电流补偿控制。具体的补偿作用有多少，由系统各环节的参数决定。

根据原理图可以绘出带电流正反馈和电压负反馈调速系统静态结构图，如图 3－27 所示。再利用结构图运算规则，可以直接写出系统的静特性方程式：

$$n = \frac{K_pK_sU_n^*}{C_e(1+K)} - \frac{(R_{rec}+R_s)I_d}{C_e(1+K)} + \frac{K_pK_s\beta I_d}{C_e(1+K)} - \frac{R_aI_d}{C_e} \tag{3-22}$$

式中，$K=\gamma K_pK_s$。

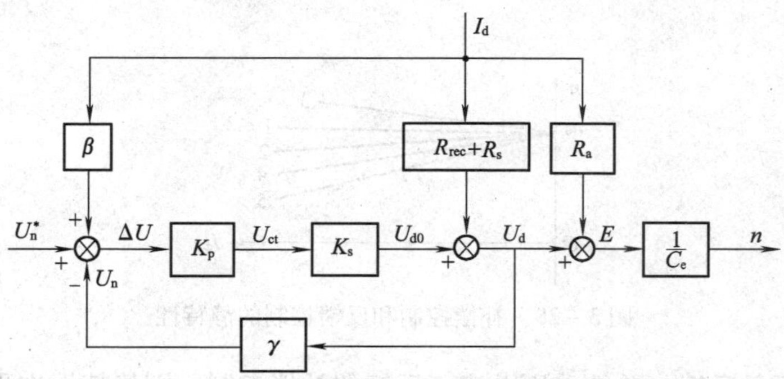

图 3－27　带电流正反馈的电压负反馈调速系统静态结构图

由式（3－22）可知，表示电流正反馈作用的项 $\frac{K_pK_s\beta I_d}{C_e(1+K)}$ 能够补偿另两项静态速降，当然就可以减少静差。

从以上分析可以看出，只要加大电流反馈系数β就能够减少静差，但电流正反馈控制与电压或转速反馈控制仍有所区别。

首先应该指出，电流正反馈和电压负反馈或转速负反馈是性质完全不同的两种控制作用。电压或转速负反馈属于被调量的负反馈，“反馈控制”具有反馈控制规律，在采用比例放大器时总是有静差的。放大系数K越大，则静差越小。电流正反馈在调速系统中的作用则不是这样，从静特性方程式上看，它不是用（$1+K$）去除Δn项以减小静差，而是用一个正项去抵消原系统中负的速降项。从这个特点上看，电流正反馈不属于“反馈控制”，而应称作“补偿控制”。由于电流的大小反映了负载扰动，又称为扰动量的补偿控制。

补偿控制的参数配合恰到好处时，可使静差为零，称为全补偿。由式（3－22）静特性方程式可以求出全补偿的条件。令：

$$n_0 = \frac{K_p K_s U_n^*}{C_e(1+K)}$$

$$R = R_{rec} + R_s + R_a$$

代入式（3－22），整理后可得：

$$n = n_0 - (R + KR_a - K_p K_s \beta)\frac{I_d}{C_e(1+K)} \tag{3-23}$$

因此全补偿的条件是：

$$R + KR_a - K_p K_s \beta = 0$$

或

$$\beta = \frac{R + KR_a}{K_p K_s} = \beta_{cr}$$

其中β_{cr}称为全补偿的临界电流反馈系数。

如果$\beta < \beta_{cr}$，则仍旧有一些静差，称为欠补偿；如果$\beta > \beta_{cr}$，则静特性上翘，称为过补偿。不同补偿条件下的静特性如图3－28所示，其中直线1，2，3分别代表电压负反馈加电流正反馈时的全补偿、欠补偿和过补偿。图中还绘出了电压负反馈系统的静特性（直线4）和开环系统的机械特性（直线5），以示比较。所有特性都是以同样的理想空载转速n_0为基点的。

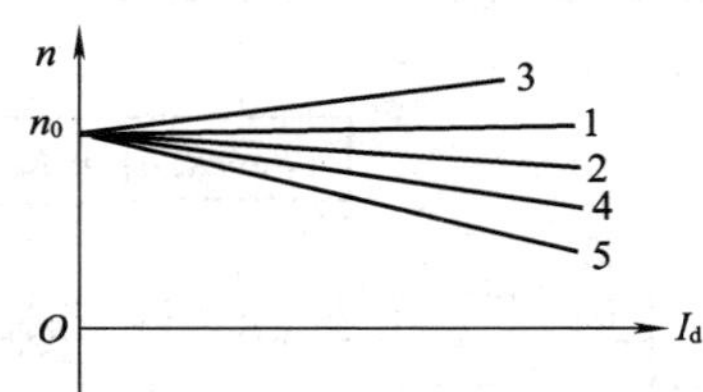

图3－28　补偿控制和反馈控制的静特性

如果取消电压负反馈，单纯采用电流正反馈的补偿控制，则静特性方程式变成：

$$n = \frac{K_p K_s U_n^*}{C_e} - \frac{RI_d}{C_e} + \frac{K_p K_s \beta I_d}{C_e} \tag{3-24}$$

这时，全补偿的条件是：

$$\beta = \frac{R}{K_p K_s} \tag{3-25}$$

可见，无论有没有其他负反馈，仅用电流正反馈就足以把静差补偿到零。

反馈控制只能使静差尽量减小，补偿控制却能把静差完全消除，这似乎是补偿控制的优点。但是，反馈控制无论环境怎么变化都能可靠地减小静差，而补偿控制则完全依赖于参数的配合。当参数受温度等因素的影响发生变化时，全补偿的条件就不可能永远保持不变。再进一步看，反馈控制对一切包在负反馈环内前向通道上的扰动都起抑制作用，而补偿控制只是针对一种扰动而言。例如，电流正反馈只能补偿负载扰动，对于电网电压波动等扰动，它所起的反而是坏作用。因此全面地看，补偿控制是不及反馈控制的。

在实际调速系统中，很少单独使用电流正反馈补偿控制，只是在电压或转速负反馈系统的基础上，加上电流正反馈的补偿作用，作为进一步减少静态速降的补充措施。此外，决不会用到全补偿这种临界状态，因为如果参数变化，偏到过补偿情况，不仅静特性会发生变化，还会出现动态不稳定。

第四章 直流可逆调速系统

学习目标

1. 熟悉直流调速可逆线路结构原理。
2. 了解电枢可逆逻辑无环流调速系统的分析。
3. 熟悉常用直流调速器的结构原理。

第三章中讨论的调速系统，电动机只能朝一个方向运转，然而许多生产机械却要求电动机既能正、反转，又能快速制动，此时必须采用可逆调速系统。

在直流电力拖动系统中，无论是正、反转还是制动，均要求改变直流电动机转矩的方向。由直流他励电动机的转矩 $T=K_m\Phi I_d$ 可知，要改变电动机转矩的方向，有两种方法：一是改变电枢电流 I_d 的方向，即改变电枢电压 U_d 极性；二是改变电动机励磁磁通 Φ 的方向，即改变励磁电流的方向。通过改变电枢电压极性实现可逆运行的系统，称为电枢可逆系统；通过改变励磁电流方向实现可逆运行的系统，称为磁场可逆系统。

§4－1 直流调速可逆线路

一、电枢反接可逆线路

1. 接触器切换的可逆线路

对于经常处于单方向运行，偶尔才需要反转的生产机械，可以只用一组晶闸管整流装置给电动机电枢供电，再用接触器切换加在电动机上整流电压的极性即可。图 4－1 所示为这种系统的线路图。由图可见，晶闸管整流装置的输出电压 U_d 极性不变，总是上“＋”下“－”。当正向接触器 KM_F 吸合时，电动机端电压为 A（＋），B（－），电动机正转；如果反向接触器 KM_R 吸合，电动机端电压变成 A（－），B（＋），电动机反转。

这种方案比较简单、经济。但是，接触器频繁切换时，其动作噪声较大，使用寿命较低，动作时间长，所以只适用于不经常正反转的生产机械。

2. 晶闸管切换的可逆线路

为了避免有触点器件的缺点，可以采用无触点的晶闸管开关代替接触器，如图 4－2 所

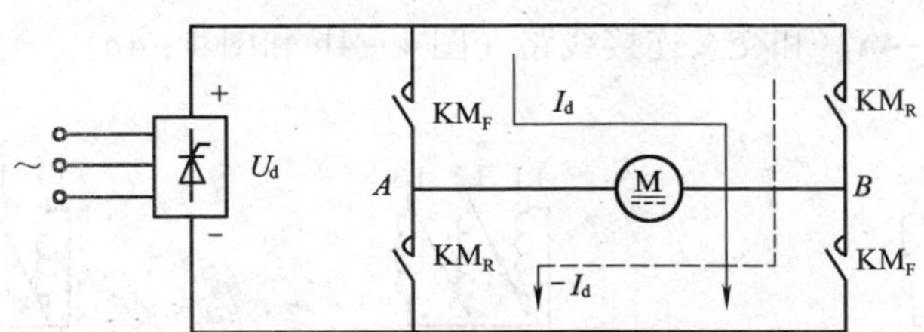

图 4－1　用接触器切换电枢极性的可逆电路

示。当 VT1 和 VT2 晶闸管开关导通时，电动机正转；当 VT3 和 VT4 晶闸管开关导通时，电动机反转。

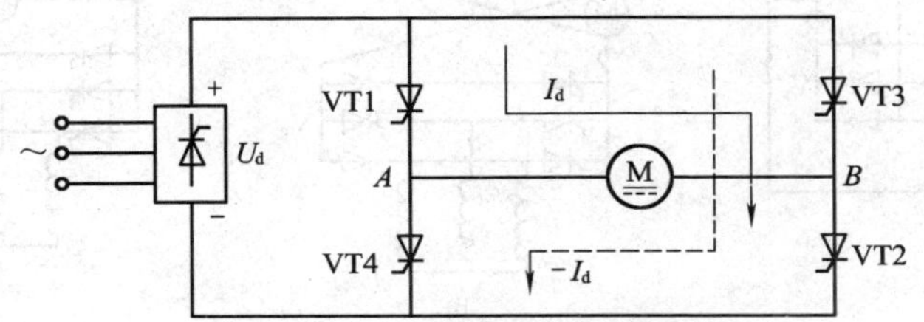

图 4－2　用晶闸管切换的可逆电路

这种方案除原有的一套晶闸管装置外，还需多用四个晶闸管作开关，对其耐压电流容量的要求比较高，经济上无明显优点，一般只适用于中小容量的系统。

3. 两组晶闸管反并联的可逆线路

对于频繁要求正反转的生产机械，常采用两组晶闸管装置反并联的可逆线路，如图 4－3a 所示。电动机正转时，由正组晶闸管装置 V_F 供电；反转时，由反组晶闸管装置 V_R 供电。正、反向运行时拖动系统工作在Ⅰ、Ⅲ两个象限中，如图 4－3b 所示。两组晶闸管分别由两套触发装置控制，都能灵活地控制电动机的启、制动，正反转和升降速。但在一般情况下不允许两组晶闸管同时处于整流状态，否则将造成电源短路。因此，对控制电路提出了严格要求。

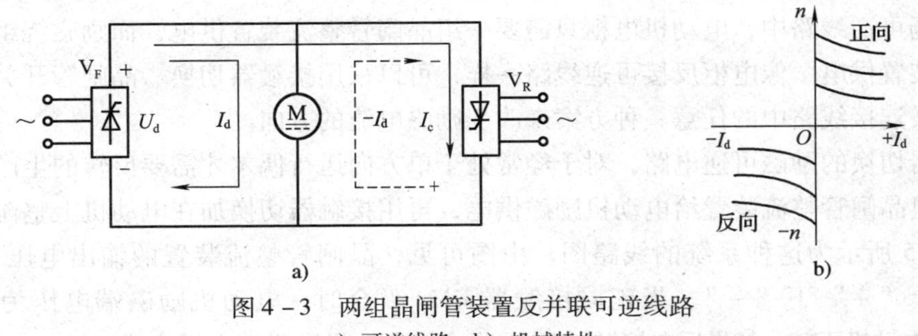

图 4－3　两组晶闸管装置反并联可逆线路

a）可逆线路　b）机械特性

在上述反并联线路中，两组晶闸管的电源是共同的。如果有两台独立的整流变压器，或者一台整流变压器有两套二次绕组，可以组成交叉连接的可逆线路。图 4 -4 所示为三相桥式反并联线路（图 4 -4a）和交叉连接线路（图 4 -4b 和图 4 -4c）。

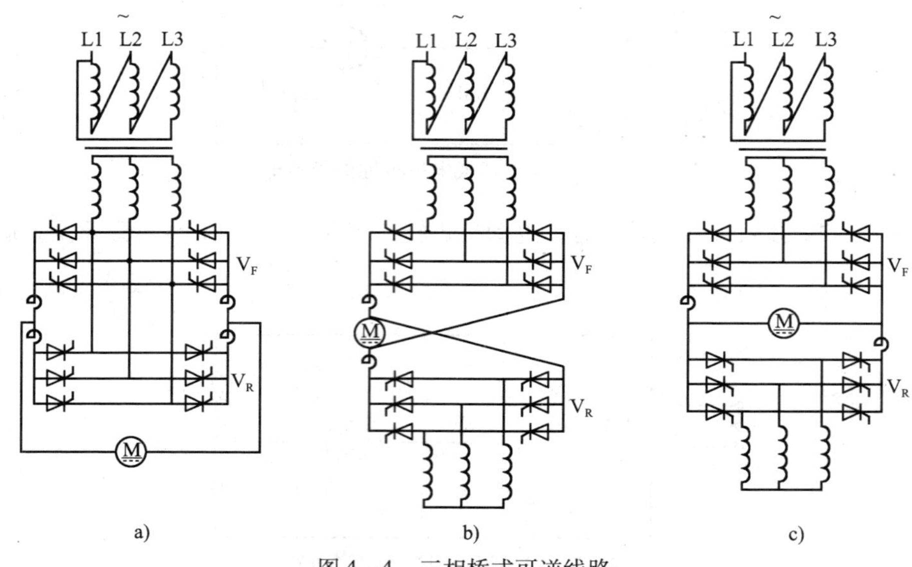

图 4 -4　三相桥式可逆线路

a）反并联连接线路　b）、c）交叉连接线路

当两组晶闸管同时工作时，会产生不经过负载而在两组晶闸管装置间流动的电流，该电流就是环流，如图 4 -3 中的电流 I_c。

环流会增加晶闸管和变压器的负担，环流太大时会导致晶闸管损坏，影响系统安全工作。

但适量的环流，作为流过晶闸管的基本负载电流，能使电动机在空载或轻载时缩短晶闸管装置供电的电流断续区，从而提高系统的动态性能。

在反并联连接的可逆电路中，有两条环流回路，需四个限制环流的电抗器；交叉连接的可逆电路只有一条环流回路，所以，只需两只限制环流的电抗器。

二、励磁反接可逆线路

在磁场可逆线路中，电动机电枢只需要一组晶闸管整流装置供电，而励磁绕组则由另外的晶闸管装置供电，像电枢反接可逆线路一样，可以采用接触器切换、晶闸管开关切换、反并联或交叉连接线路中的任意一种方案来改变励磁电流的方向。

接触器切换的励磁可逆电路，对于经常处于单方向运行偶尔才需要反转的生产机械，可以只用一组晶闸管整流装置给电动机励磁供电，再用接触器切换加在电动机上整流电压的极性。图 4 -5 所示为这种系统的线路图。由图可见，晶闸管整流装置的输出电压 U_d 极性不变，总是上“+”下“-”。当正向接触器 KM_F 吸合时，电动机励磁端电压为 A（+），B（-），电动机正转；如果反向接触器 KM_R 吸合，电动机励磁端电压变成 A（-），B（+），电动机反转。

这种方案比较简单、经济。但是，接触器频繁切换时，噪声较大，动作时间长，影响使用寿命，所以经常采用晶闸管开关切换需要正反转生产机械。

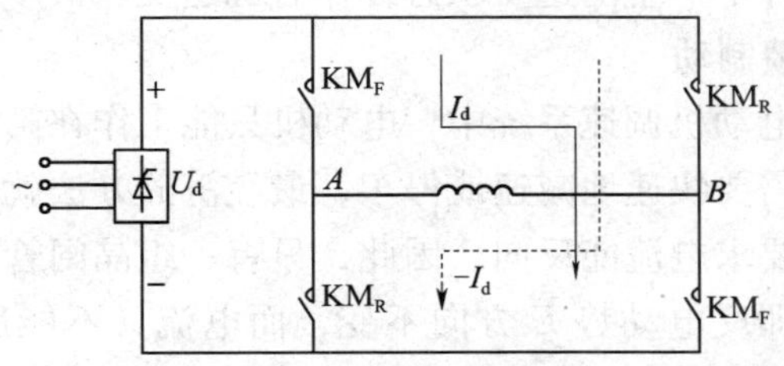

图 4－5 用接触器切换励磁极性的可逆电路

由于励磁功率只占电动机额定功率的1%～5%，显然反接励磁所需的晶闸管装置容量要小得多。对于大容量电动机，励磁反接的方案投资较少，在经济上是比较便宜的。但是，由于励磁回路电感量大，时间常数较大，因此这种系统反向过程较慢。此外，在反向过程中，当励磁电流由额定值下降到零这段时间里，如果电枢电流依然存在，电动机将会产生超速（或称飞车）现象。为了避免出现这种情况，应在磁通减弱时保证电枢电流为零。这无疑增加了控制系统的复杂性。因此，励磁反接的方案只适用于对快速性要求不高，正反转不太频繁的大容量可逆系统，例如，卷扬机、矿井提升机、电力机车等。

三、晶闸管—电动机可逆系统的工作状态

1. 晶闸管装置的整流和逆变状态

由单组晶闸管装置供电的 V－M 系统，晶闸管装置通常工作在整流状态，为电动机的电动运行提供能量。但是，有的生产机械，例如，冷轧开卷机，在所加静张力给定时，其控制角 $\alpha<90°$，晶闸管工作在整流状态，产生一定的张力将钢带拉紧；当开始轧钢时，开卷机在钢带的拖动下运转，而且保持一定的张力，因此开卷机处于发电状态，这时晶闸管装置工作在逆变状态，控制角 $\alpha>90°$，通过晶闸管装置将直流电能逆变输送到交流电网，此时的 I_d 由电动机的电势 E 提供并维持。图 4－6 所示为开卷机 V－M 系统整流和逆变状态。

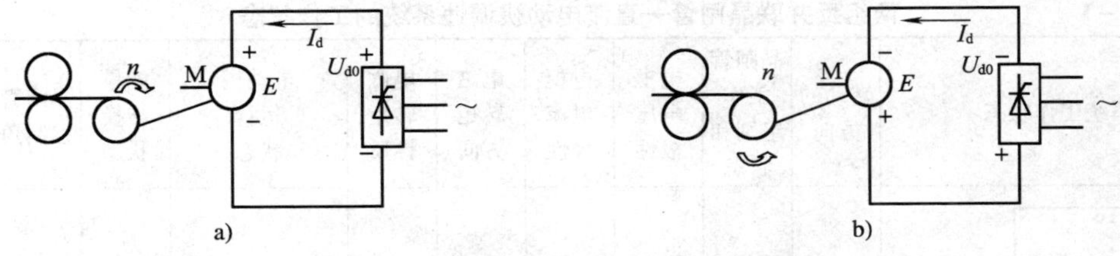

图 4－6 开卷机 V－M 系统整流和逆变状态

a）整流状态 b）逆变状态

由此可见，同一套晶闸管装置可以工作在整流状态，也可以工作在逆变状态。由于晶闸管的单向导电性，两种状态中电流方向不变，而电动机的端电压的极性相反。因此，在整流状态时向电动机输出电能，而在逆变状态时向电网回馈电能。

由上述分析可知，实现逆变要有两个条件：

（1）内部条件 控制角 $\alpha>90°$，使晶闸管整流装置输出的平均电压 $U_d<0$。

（2）外部条件 必须有一个直流电源，其极性与 $-U_d$ 的极性相同，数值应比 U_d 的绝对值稍大，以产生和维持逆变电流。

晶闸管装置在上述条件下产生的逆变状态称作有源逆变。

2. V－M 系统发电回馈制动

在单组晶闸管—直流电动机调速系统中，电动机只能工作在第Ⅰ和第Ⅳ象限。然而有不少生产机械在运行过程中需要快速地减速或停车，最经济的办法就是回馈制动，使之工作在第Ⅱ象限。这样一来，就要求电流能反向。因此，只有一组晶闸管显然是不行的，因为在减速时，电动机转向不变，即反电动势 E 方向不变，而电流又不能反向，所以这组晶闸管装置就不可能实现逆变，电动机也不能实现发电回馈制动。为此必须采用两组晶闸管装置反并联可逆线路。

3. 两组反并联晶闸管—直流电动机调速系统的工作状态

两组反并联晶闸管—直流电动机调速系统如图 4－7 所示。它能实现四象限运行，是一种常用的可逆线路。该系统的四种工作状态见表 4－1。

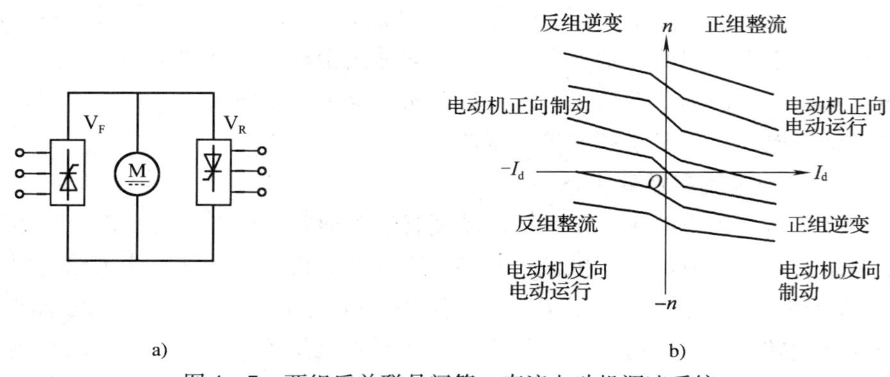

图 4－7　两组反并联晶闸管—直流电动机调速系统

a）反并联线路　b）机械特性

表 4－1　两组反并联晶闸管—直流电动机调速系统的工作状态

系统工作状态	转动的方向	晶闸管工作组别和状态	电枢电压极性	电枢电流极性	电磁转矩方向	电磁转矩性质	电动机运行状态	能量转换状态	晶闸管控制角	机械特性所在象限
V_F, U_d, P, M, T, n, E, I_d	正转	正组整流	+	+	+	驱动	电动（$U_d > E$）	电动机吸取电能	$\alpha < 90°$	Ⅰ
E, M, I_d, T, n, P, U_d, V_R	正转	反组逆变	+	－	－	制动	发电（$E > U_d$）	回馈电网	$\alpha > 90°$	Ⅱ

续表

系统工作状态	转动的方向	晶闸管工作组别和状态	电枢电压极性	电枢电流极性	电磁转矩方向	电磁转矩性质	电动机运行状态	能量转换状态	晶闸管控制角	机械特性所在象限
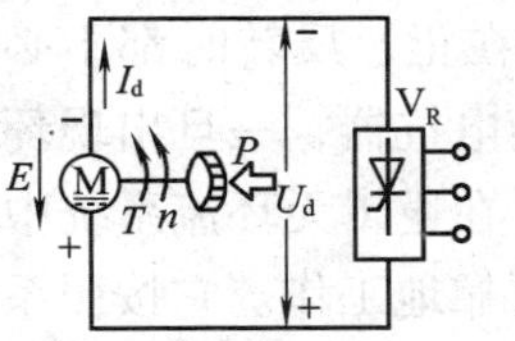	反转	反组整流	−	−	−	驱动	电动 $\lvert U_d\rvert > E$	电动机吸取电能	$\alpha < 90°$	Ⅲ
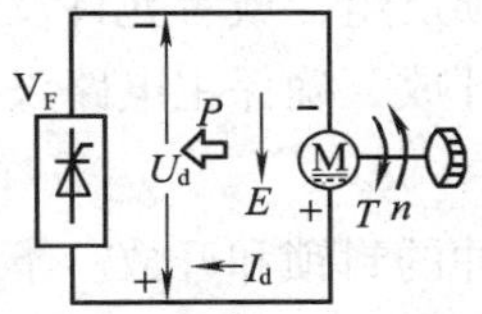	反转	正组逆变	−	+	+	制动	发电 $\lvert E\rvert > \lvert U_d\rvert$	回馈电网	$\alpha > 90°$	Ⅳ

（1）正向运行　这时正组处于整流状态，正组晶闸管装置 V_F 给电动机供电，电动机为电动状态，从电网吸取电能，$U_d > E$，其电磁转矩 T 为驱动转矩。系统运行在第Ⅰ象限。

（2）正向制动　利用控制电路切换到反组晶闸管 V_R，反组处于逆变状态，反电动势 E 大于反组逆变电压 U_d，电动机成为发电机，电能经晶闸管回馈电网。这时电动机仍在正转，但电流反向，电磁转矩 T 反向，成为制动转矩。这种情况称为回馈制动，系统运行在第Ⅱ象限。

依此类推，当电动机反向运行和反向回馈制动时，系统运行在第Ⅲ和第Ⅳ象限。

由此可见，即便是不可逆系统，电动机不要求反转，但只要需要快速回馈制动，就应有两组反并联的晶闸管装置。正组作为整流供电，反组提供逆变制动。由于反组晶闸管只在短时间内供给制动电流，并不提供稳态运行电流，因而实际容量可以小一些。对于可逆系统来说，在正转运行时可利用反组晶闸管实现回馈制动，反转运行时同样可利用正组晶闸管实现回馈制动，正反转和制动的装置合二为一，两组晶闸管的容量自然就没有区别了。

§4－2　电枢可逆逻辑无环流调速系统的分析

环流虽然有它有利的一面，但必须设置环流电抗器，会增加设备投资。因此，当工艺过程对系统过渡特性的平滑性要求不高时，特别是对于大容量的系统，从生产可靠性要求出发，常采用既没有直流平均环流，又没有瞬时脉动环流的无环流系统。无环流系统按实现无环流原理的不同分为两大类：逻辑控制无环流系统和错位控制无环流系统。本节只讨论逻辑控制的无环流可逆调速系统。

当一组晶闸管工作时，用逻辑电路封锁另一组晶闸管的触发脉冲，使它完全处于阻断状态，确保两组晶闸管不同时工作，从根本上切断了环流的通路。这就是逻辑控制的无环流可逆调速系统。

一、系统的组成和工作原理

逻辑控制的无环流可逆调速系统（以下简称逻辑无环流系统）是目前在生产中应用较

为广泛的可逆系统，其原理框图如图 4－8 所示。主电路采用两组晶闸管装置反并联连接，由于没有环流，不用再设置环流电抗器。但为了保证稳定运行时电流波形的连续，仍应保留平波电抗器 L_d。控制线路采用典型的转速、电流双闭环系统，电流环分设了 ACR1 和 ACR2 两个电流调节器。其中，ACR1 用来控制正组触发装置 GT_F，ACR2 用来控制反组触发装置 GT_R。ACR1 的给定信号为 U_i^*，这样可以使电流反馈信号 U_i 的极性在正、反转时都不必改变，从而可采用不反映极性的交流电流互感器。由于主电路不设均衡电抗器，一旦出现环流将造成严重的短路事故，所以对工作时的可靠性要求特别高。为此，在逻辑无环流系统中设置了无环流逻辑控制器 DLC，这是系统中最关键的部件，必须保证可靠地工作。它按照系统的工作状态指挥系统进行自动切换，或者允许正组发出触发脉冲而封锁反组，或者允许反组发出触发脉冲而封锁正组。在任何情况下，绝不允许两组晶闸管同时开放，确保主电路没有产生环流的可能。

触发脉冲的零位整定为$\alpha_{f0}=\alpha_{r0}=90°$，用 DLC 来控制两组触发脉冲的封锁和开放。下面着重分析无环流逻辑控制器的工作过程。

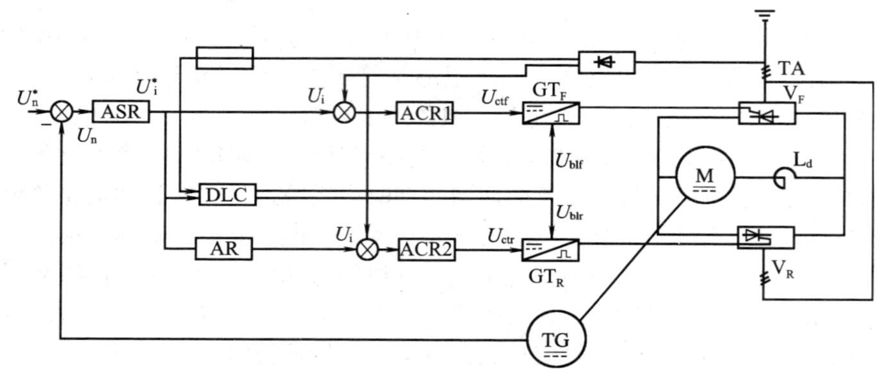

图 4－8 逻辑控制的无环流可逆调速系统原理框图

ASR—转速调节器 DLC—无环流逻辑控制器 AR—反相器 ACR1，ACR2—正、反组电流调节器

二、可逆系统对无环流逻辑控制器的要求

无环流逻辑控制器 DLC 的基本任务是，根据系统工作情况要求，发出逻辑指令：在正组晶闸管 V_F 工作时封锁反组脉冲，在反组晶闸管 V_R 工作时封锁正组脉冲，二者必居其一，决不允许两组脉冲同时开放，以确保主回路不产生环流。逻辑控制器的输出信号是以“0”和“1”的数字信号形式来执行两种封锁与开放的作用，“0”表示封锁，“1”表示开放，二者不能同时为“1”。

对于指挥逻辑控制器动作，系统反转时应该开放反组晶闸管，系统正转制动（或减速）时，也要利用反组晶闸管的逆变状态来实现回馈制动。在这两种情况下都要开放反组，封锁正组，但 U_n^* 的极性在反转时为负，正转制动（或减速）时为零（或正），显然不能用作逻辑切换的指令。从电动机的运行状态看，反转运行和正转制动（或减速）的共同特征是，要求电动机产生负的转矩，也就是在励磁恒定时，要求有负的电流。由配合控制的有环流可逆系统制动过程的分析不难发现，转速调节器 ASR 输出的电流给定信号 U_i^* 恰好可以担当这个任务。在反转运行时，U_i^* 应为正，在正转制动时，U_i^* 也为正。U_i^* 的极性恰好反映了系统要产生负转矩（电流）的意图，可以用作逻辑切换的指令信号。由此可见，DLC 首先应该鉴别电流给定信号 U_i^* 的极性，当 U_i^* 由负变正时，先去封锁正组，使 $U_{blf}=0$，然后去开放反组使 $U_{blr}=1$；反之，当 U_i^* 由正变负时，则应先封锁反组使 $U_{blr}=0$，而后开放正组使 $U_{blf}=1$。

然而，仅用 U_i^* 去控制 DLC 切换是不够的。因为 U_i^* 极性的变化只是逻辑切换的必要条件，而不是充分条件。例如，当系统正向运行需要制动时，U_i^* 由负变正标志着制动过程的开始，但当实际电流尚未反向以前，仍须保持正组开放，以便进行本组逆变。只有在实际电流降到零的时候（通常是电流降到晶闸管的维持电流以下），才给 DLC 发出命令，封锁正组，开放反组，然后电流得以反向，通过反组进行回馈制动。因此，U_i^* 极性的变化只表明系统有了使转矩（电流）反向的意图，转矩（电流）极性的真正改变还要滞后一段时间。等到电枢电流真正到零时，再发出一个“零电流检测”信号 U_{f0}^-，然后才能发出正、反组切换指令。由此可见，电流给定极性鉴别信号和零电流检测信号都是正、反组切换的前提，只有这两个条件都具备，并经过必要的逻辑判断后，才可让 DLC 发出切换指令。

逻辑切换指令发出后并不能马上执行，还须经过两段延时时间，以确保系统可靠工作，这就是封锁延时 t_1 和开放延时 t_2。

封锁延时 t_1 是从发出切换指令到真正封锁掉原工作组脉冲所需的等待时间。因为电流未降到零以前，其所含的脉动分量是时高时低的，如图 4－9 所示，而零电流检测总有一个最小动作电流 I_0，如果脉动电流瞬时值低于 I_0 而实际上仍在连续变化，就将检测到零电流信号发出封锁本组脉冲，由于这时本组正处在逆变状态，势必会造成逆变颠覆。设置封锁延时之后，检测到的零电流信号等待一段时间 t_1 仍不见超过 I_0，说明电流确已断开，这时再封锁本组脉冲就不会有问题了。

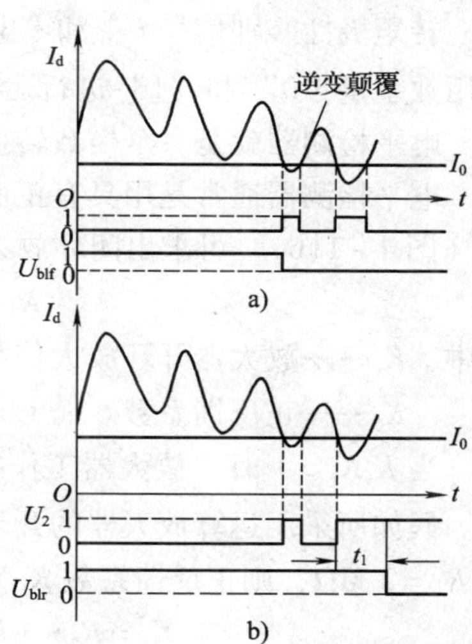

图 4－9　零电流检测及封锁延时作用

a）无封锁延时造成逆变颠覆

b）设置封锁延时可保证安全反向

I_0—零电流检测器最小动作电流

U_2—零电流检测器输出信号

U_{blf}—正组脉冲封锁信号

U_{blr}—反组脉冲封锁信号

t_1—封锁延时

开放延时 t_2 是从封锁原工作脉冲到开放另一组脉冲之间的等待时间。因为在封锁原工作组脉冲时，已被触发的晶闸管要到电流过零时才真正关断，关断之后还要过一段时间才能恢复阻断能力。如果在这以前就开放另一组晶闸管，则可能造成两组晶闸管同时导通，形成电源短路。为了防止出现这种事故，在发出封锁本组脉冲信号之后，必须等待一段时间 t_2，再开放另一组。

DLC 中还必须设置联锁保护电路，使其输出 U_{blf} 和 U_{blr} 不能同时为“1”态，以保证两组晶闸管的触发脉冲不能同时开放。

综上所述，对 DLC 的要求可归纳如下：

（1）用电流给定信号 U_i^* 作为转矩极性鉴别信号，根据 U_i^* 极性来决定开放哪一组触发脉冲。但必须等到零电流检测发出零电流信号后，方可正式发出逻辑切换指令。

（2）发出切换指令之后，须经过封锁延时时间 t_1 才能封锁原导通组脉冲，再经过开放延时时间 t_2 后才能开放另一组脉冲。

（3）无论在什么情况，两组晶闸管绝对不允许同时加触发脉冲。一组工作时，必须把另一组触发脉冲封锁住。

三、无环流逻辑切换装置 DLC

根据上述要求，DLC 的结构及其输入、输出信号，如图 4－10 所示。输入信号是转矩极性鉴别信号 U_i^* 和零电流检测信号 U_{i0}，输出信号是正组脉冲封锁信号 U_{blf} 和反组脉冲封锁信号 U_{blr}。从功能上看，DLC 可分为电平检测、逻辑判断、延时和逻辑联锁保护四个部分。

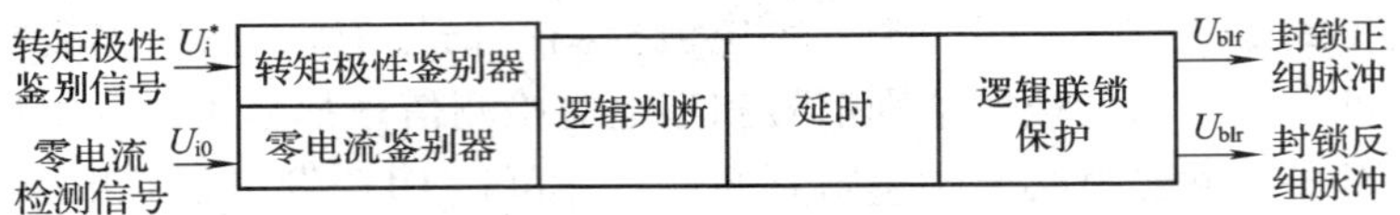

图 4－10　无环流逻辑控制器 DLC 的功能及其信号

1. 电平检测器

转矩极性鉴别信号 U_i^* 和零电流检测信号 U_{i0} 都是连续变化的模拟量，而逻辑判断电路是用数字量“0”和“1”进行运算的，所以需要一个从模拟量转换到数字量的模数转换单元。电平检测器就是一个模数转换器。

电平检测器通常是用具有正反馈的运算放大器组成的，它工作在继电状态。根据其结构图（图 4－11b），可求出闭环放大倍数为：

$$K_{cl} = U_{ex}/U_{in} = K_v/(1 - K_1K_v) \tag{4-1}$$

式中　K_v——放大器开环放大倍数；

　　K_1——正反馈系数。

当 $K_vK_1 > 1$ 时，放大器工作在继电状态，其输入—输出特性出现回环，如图 4－11c 所示。假如所采用运算放大器的开环放大倍数 $K_v \approx 1 \times 10^5$，取输入电阻 $R_0 = 20\ k\Omega$，正反馈电阻 $R_1 = 2\ M\Omega$，则正反馈系数 K_1 为：

$$K_1 = R_0/(R_1 + R_0) = 20/(2\,000 + 20) \approx 1/100$$

$$K_vK_1 = 1 \times 10^5 \times 1/100 = 10^3 \gg 1$$

设放大器限幅值为 ±10 V，若放大器原来处于负向深饱和状态，则反馈到同相输入端的电压 $U_f = K_1U_{exm} = (1/100) \times (-10\ V) = -0.1\ V$，折算到反相输入端电压应为 +0.1 V。为了使输出从 －10 V 翻转到 +10 V，必须在反相输入端加负电压，其绝对值稍大于 0.1 V，以抵消 +0.1 V 的作用；同理，U_{in} 至少为 +0.1 V，才能使输出由 +10 V 翻转到 －10 V，因此，其输入—输出特性出现回环。可见在放大系数 K_v 一定的情况下，改变正反馈强度（即 R_1 的大小）即可改变回环的宽度。R_1 越小，正反馈越强，回环越宽。因为：

$$U_{in1} = K_1U_{exm1}$$

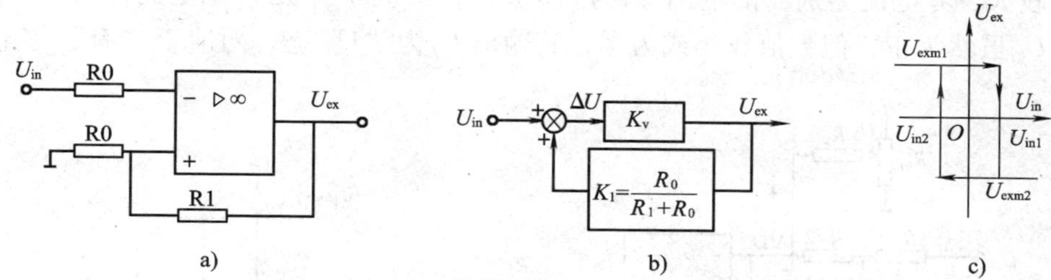

图 4－11 带有正反馈的运算放大器

a）原理图 b）结构图 c）继电特性

$$U_{in2} = K_1 U_{exm2}$$

所以回环宽度为：

$$U_h = U_{in1} - U_{in2} = K_1 (U_{exm1} - U_{exm2}) \tag{4-2}$$

式中，U_{exm1}和U_{exm2}分别为正向和负向饱和输出电压。

由于被检测信号中难免会含有交流或干扰成分，为了避免误动作，电平检测器应具有一定的环宽，以提高抗干扰能力。但如果回环太宽，则动作迟钝，容易产生振荡和超调。DLC 中的电平检测器一般把环宽整定为0.2 V 左右。

无环流逻辑装置中有“转矩极性鉴别器”和“零电流鉴别器”两个电平检测器，分别将 U_i^* 的极性和零电流检测信号的有无，转换成相应的数字量“1”或“0”，供逻辑判断使用。如果采用正逻辑，那么高电平表示“1”，低电平表示“0”，则在图 4－11a 所示的输出端加二极管进行零值钳位，如图 4－12a 所示。若运算放大器的饱和输出为10 V，当输入信号 U_i^* 为负值时，电平检测器的输出为＋10 V，称为“1”态；当输入信号 U_i^* 为正值时，其输出被钳位在－0.6 V，称为“0”态。按照上述正逻辑原则组成的转矩极性鉴别器 DPT 的原理图及其输入—输出特性，如图 4－12 所示。其输入信号为 ASR 的输出 U_i^*，它是左右对称的；其输出则为转矩极性信号 U_T，上下并不对称。

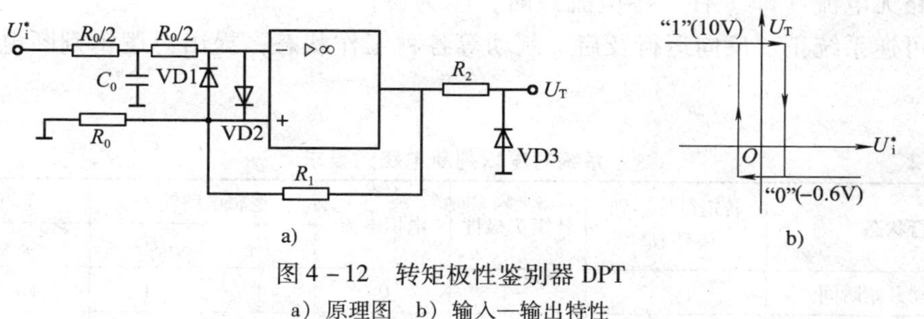

图 4－12 转矩极性鉴别器 DPT

a）原理图 b）输入—输出特性

由于零电流鉴别器 DPZ 的输入信号 U_{i0}无极性变化，仅有大小的区别。若零电流检测信号 U_{i0}为正值，就需将回环特性移到纵坐标的右侧，才能满足要求。图 4－13 所示即为这种零电流鉴别器 DPZ 的原理图和输入—输出特性。通过在放大器的反相输入端引入偏移电压 $-U_1$，从而使回环特性偏移到纵轴右侧。若零电流检测信号 U_{i0}为负值，可在放大器反相输入端引入偏移电压 $+U_1$，回环特性则偏移到纵轴左侧。当主回路有电流且连续时，U_{i0}为正值，而且较大，零电流鉴别器的输出 U_Z 为“0”态，对应于“无”零电流；当主回路电流断续时，U_{i0} 虽然为正，但数值较小或为零，其输出 U_Z 为“1”态，对应于“有”零电流。

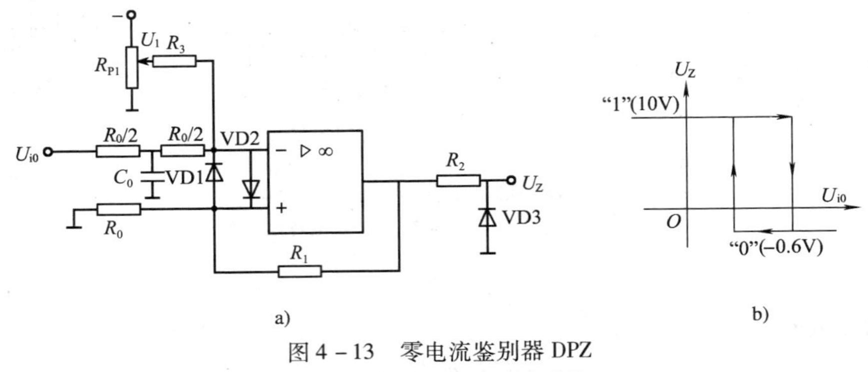

图 4－13　零电流鉴别器 DPZ

a）原理图　b）输入—输出特性

2. 逻辑判断电路

逻辑判断电路的作用是根据转矩极性鉴别器 DPT 和零电流鉴别器 DPZ 的输出信号 U_T 和 U_Z 的状态，正确地确定正、反组脉冲封锁信号 U_F 和 U_R 的状态。至于 U_F 和 U_R 是用“1”态，还是用“0”态去封锁触发脉冲，这取决于触发器或电子开关的结构形式。现假定该指令信号为“1”态时开放脉冲，“0”态时封锁脉冲，归纳各种情况下逻辑判断电路的输入、输出状态如下：

U_i^* 为“－”时，U_T 为“1”，U_F 为“1”，开放正组脉冲；U_R 为“0”，封锁反组脉冲。此时转矩 T 为“＋”。

U_i^* 为“＋”时，U_T 为“0”，U_R 为“1”，开放反组脉冲；U_F 为“0”，封锁正组脉冲。此时转矩 T 为“－”。

主回路有电流（即“无”零电流）时，U_Z 为“0”。

主回路无电流（即“有”零电流）时，U_Z 为“1”。

根据可逆系统正、反向运行及启、制动等各种工作状态，提出对逻辑判断电路的要求，见表 4－2。

表 4－2　系统对逻辑判断电路的要求

运行状态		转矩极性鉴别信号 U_i^*	转矩 T 极性	电枢电流	逻辑电路输入		逻辑电路输出	
					U_T	U_Z	U_F	U_R
正向启动开始瞬间		－	＋	0	1	1	1	0
正向启动		－	＋	有	1	0	1	0
正向稳定运行		－	＋	有	1	0	1	0
正向制动	本组逆变阶段	＋	－	有	0	0	1	0
正向制动	本组逆变结束	＋	－	0	0	1	0	1
正向制动	反组逆变制动	＋	－	有	0	0	0	1

续表

运行状态		转矩极性鉴别信号 U_i^*	转矩 T 极性	电枢电流	逻辑电路输入		逻辑电路输出	
					U_T	U_Z	U_F	U_R
反向启动开始瞬间		+	−	0	0	1	0	1
反向稳定运行		+	−	有	0	0	0	1
反向制动	本组逆变阶段	−	+	有	1	0	0	1
	本组逆变结束	−	+	0	1	1	1	0
	正组逆变制动	−	+	有	1	0	1	0

例如，当正向制动时，U_i^* 为“+”，转矩极性为“−”，U_T =“0”，当正向电流下降但尚未反向之前，零电流鉴别器输出 U_Z =“0”，这时要求正组仍开放，实行本组逆变，使电枢电流继续下降，因此 U_F =“1”，U_R =“0”；当电枢电流下降到零时，U_Z =“1”，正、反组进行切换，U_F =“0”，U_R =“1”；当反组开放后，建立反向电流，进行反组逆变制动，U_Z又变成“0”，但 U_F和 U_R保持不变。去掉表 4-2 中的重复状态，可得逻辑判断电路的真值表，见表 4-3。

表 4-3　　逻辑判断电路真值表

U_T	1	1	0	0	0	1
U_Z	1	0	0	1	0	0
U_F	1	1	1	0	0	0
U_R	0	0	0	1	1	1

由左至右观察真值表中数字量的变化，可以看出，当 U_T变化以后，再等到 $U_Z=1$（即电流到零）时，逻辑判断电路输出才会翻转。在任何时刻 U_F和 U_R都相反。

根据真值表，可列出下列逻辑代数式：

$$\overline{U}_F = U_R(\overline{U}_T U_Z + U_T\overline{U}_Z + \overline{U}_T\overline{U}_Z)$$

$$\overline{U}_R = U_F(U_T U_Z + U_T\overline{U}_Z + \overline{U}_T\overline{U}_Z)$$

按照逻辑代数运算法则，上式可简化为：

$$\overline{U}_F = U_R(\overline{U}_T + \overline{U}_Z)$$

$$\overline{U}_R = U_F(\overline{U}_T + \overline{U}_Z)$$

为了使逻辑装置具有较强的抗干扰能力，常采用 HTL 与非门电路。这样需将上式变成用与非门表示的形式，即：

$$U_F = \overline{U_R(\overline{U}_T + \overline{U}_Z)} = \overline{U_R\,\overline{(U_T U_Z)}} \tag{4-3}$$

$$U_R = \overline{U_F(\overline{U}_T + \overline{U}_Z)} = \overline{U_F\,\overline{(U_T U_Z)}} \tag{4-4}$$

如果不愿意多用一个与非门以获得 $\overline{U}_T$，则公式（4-4）可化为：

$$U_R = \overline{U_F\,\overline{(\overline{U}_T U_Z + \overline{U}_Z U_Z)}} = \overline{U_F\,\overline{[(\overline{U}_T + \overline{U}_Z)U_Z]}} = \overline{U_F\,\overline{[\overline{(U_T U_Z)}U_Z]}} \tag{4-5}$$

所以由公式（4-3）和公式（4-4），可以得出逻辑判断电路，如图 4-14 所示。

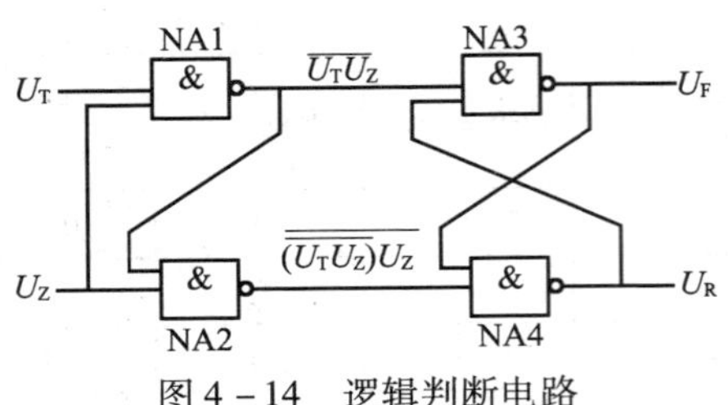

图 4－14　逻辑判断电路

3. 延时电路

在逻辑判断电路发出切换指令 U_F和 U_R之后，还必须经过封锁延时，所以在逻辑装置中还必须设置延时电路。延时电路有多种，最简单的延时电路是在 HTL 与非门的输入端加接二极管 VD 和电容 C，如图 4－15 所示。

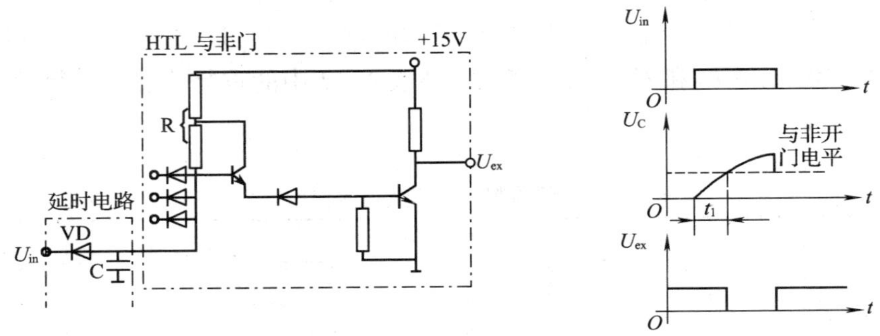

图 4－15　接在 HTL 与非门输入端的延时电路

由图 4－15 可知，当延时电路输入端 U_{in}由“0”变“1”时，由于二极管 VD 的隔离作用，电容 C 上的电压不能突变，此时由 +15 V电源经与非门中的 R 向 C 充电，U_C由零开始按指数曲线逐渐上升，上升到与非门的开门电压时，与非门的输出开始翻转，由“1”变“0”（设与非门的其他输入端都是高电平）。这样就使与非门的输出由“1”变“0”得到延时，延时的时间和 U_C的上升速度有关，也就是和时间常数 $\tau = RC$ 有关，改变电容的大小就可以得到不同的延时。延时时间 t 可由下式计算：

$$t = RC\ln\frac{U}{U-U_C}$$

式中　R——充电回路电阻（在与非门内）；

C——外接电容的电容值；

U——HTL 与非门的电源电压，$U = 15$ V；

U_C——与非门开门电平，一般约为8.5 V。

根据所需的延时时间可计算相应的电容值，设 $U = 15$ V，$U_C = 8.5$ V，$R = 8.2$ kΩ，封锁延时 $t_1 = 3$ ms，开放延时 $t_2 = 7$ ms，则：

$$C_1 = \frac{t_1}{R\ln\frac{U}{U-U_C}} = \frac{3\ \text{ms}}{8.2\ \text{k}\Omega \times \ln\frac{15\ \text{V}}{15\ \text{V}-8.5\ \text{V}}} \approx 0.44\ \mu\text{F}$$

$$C_2=\frac{t_2}{R\ln\frac{U}{U-U_C}}=\frac{7\ \text{ms}}{8.2\ \text{k}\Omega\times\ln\frac{15\ \text{V}}{15\ \text{V}-8.5\ \text{V}}}\approx 1.02\ \mu\text{F}$$

由图4－15还可看出，当延时电路输入电压U_{in}由“1”变为“0”时，电容C通过二极管VD放电。由于放电回路时间常数很小，所以放电过程很短，几乎是瞬时完成的。这样当U_{in}由“1”变为“0”时，U_{ex}立即由“0”变为“1”而无延时。

现在的问题是，为了得到t_1和t_2两段延时，相应的两个延时电路应接在逻辑电路的哪个与非门上？要回答这个问题，须分析逻辑电路的动作过程。

例如，从正组切换到反组，应在U_T从“1”变为“0”，U_Z由“0”变为“1”之后，延时t_1使U_F由“1”变为“0”，再延时t_2使U_R由“0”变为“1”。在图4－14所示的逻辑电路中，U_T从“1”变为“0”时，NA1的输出已为“1”，这个“1”信号作用到NA2的一个输入端，等到另一个输入端的U_Z也由“0”变“1”时，NA2输出随即翻成“0”，而NA4输出U_R立即从“0”变成“1”，再经过NA3使U_F从“1”变为“0”，这里没有任何延时当然是不行的。如果在U_R翻转以后，经过延时电容C1再使NA3输出U_F从“1”变成“0”，这样就有了封锁延时t_1。另外，不让NA4的输出U_R直接控制反组触发电路，而是经过带延时电容C2（$C_2=C_1$）的与非门NA6和非门NA8，由NA8的输出U'_R去封锁反组脉冲，这样在U_R由“0”翻到“1”以后，经过延时t_1+t_2才开放反组脉冲，它比U_F的翻转又滞后了一段时间t_2。以上是从正组切换到反组的情况。从反组切换到正组也是一样，相应地还要增设另一套延时电容C1和C2，以及与非门NA5和非门NA7，NA7的输出U'_F才是真正封锁正组脉冲的信号。增设延时电路后的逻辑电路，如图4－16所示。

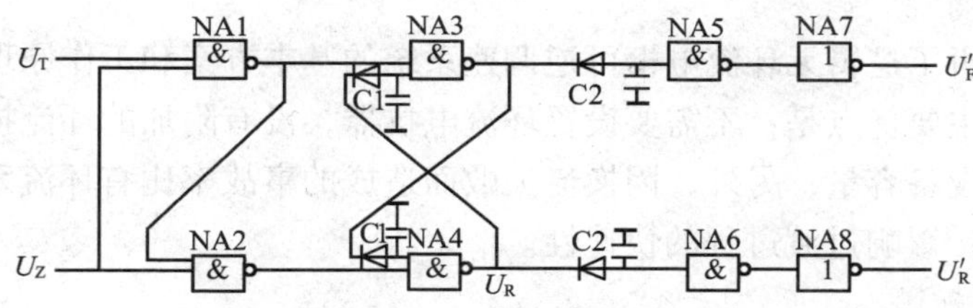

图4－16　带有延时环节的逻辑判断电路

4. 逻辑联锁保护电路

系统正常工作时，逻辑电路的两个输出U'_F和U'_R总是相反的，以保证不出现两组脉冲同时开放。但是，一旦电路发生故障，若出现U'_F和U'_R同时为“1”的情况，则会造成两组晶闸管同时开放而导致电源短路。为了避免这种事故，增设了逻辑联锁保护电路，如图4－17所示。图中点画线框内为触发器封锁电路接线示意图。当U'_F和U'_R正常时，一个为“1”，另一个为“0”，这时NA9的输出点B的电位始终为“1”，则实际的脉冲封锁U_{blf}和U_{blr}与U'_F和U'_R的状态相同，一组开放，一组封锁。当发生事故时，如果U'_F和U'_R同时为“1”，则NA9的输出B点电位变为“0”，把U_{blf}和U_{blr}都拉到“0”，两组脉冲同时封锁，并发出“逻辑故障”信号。把以上分析的逻辑装置各部分连接起来，就组成了逻辑装置的总原理图，如图4－18所示。

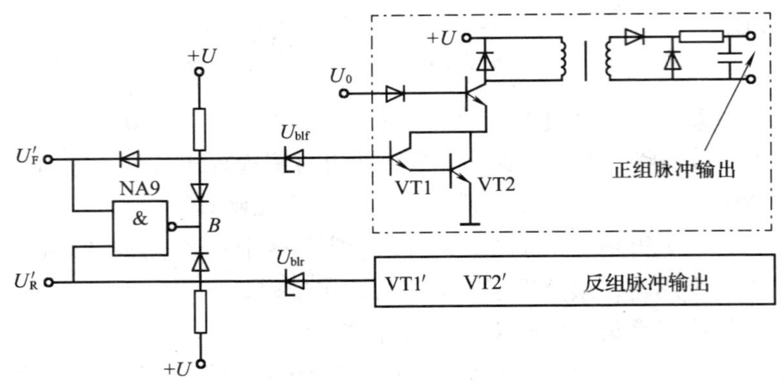

图 4－17　逻辑联锁保护电路

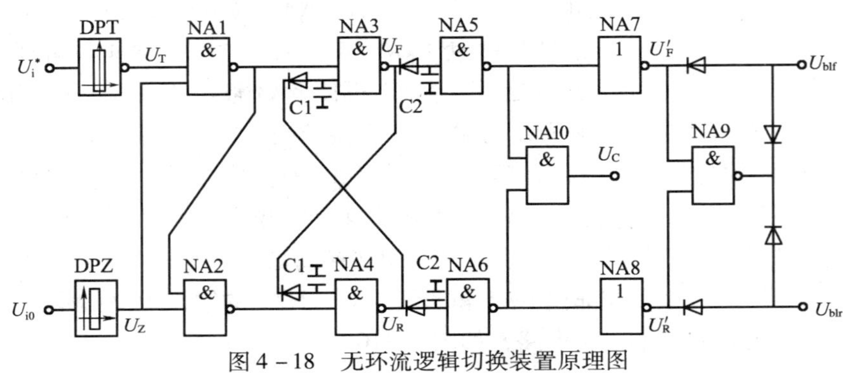

图 4－18　无环流逻辑切换装置原理图

以上详细地分析了逻辑无环流电枢可逆调速系统的基本方案和工作原理。它与有环流可逆调速系统相比，主要优点是：不需要设置环流电抗器，没有附加的环流损耗，可减少变压器和晶闸管装置的设备容量；另外，因换流失败而造成的事故率比有环流系统要低。不足之处是它有换向死区，影响过渡过程的快速性。

§4－3　直流调速器

当前，随着交流调速技术的发展，交流传动得到迅猛发展，但由于直流电动机具有交流电动机无法取代的优点，如直流电动机可实现较宽的调速范围，较快的动态响应过程，加、减速时自动平滑的过渡过程，低速运转时力矩大，以及较好的挖土机特性等，所以直流传动调速在数控机床、造纸印刷、光缆线缆设备、食品加工机械、焊接切割、轻工机械、物流输送设备、机车车辆、通信设备、雷达设备等诸多场合，仍有着大量应用。

一、直流调速器的工作原理

直流调速器是一种模块式直流电动机调速装置，集电源、控制、驱动电路于一体。直流调速器采用立体结构布局，控制电路采用微功耗元件，用光电耦合器实现电流、电压的隔离变换，电路的比例常数、积分常数和微分常数用 PID 适配器调整。直流调速器体积小、重量轻，可单独使用也可直接安装在直流电动机上构成一体化直流调速电动机。常见的直流调速器外形如图 4 – 19 所示。

图 4 – 19　直流调速器外形

直流调速器的上端和交流电源连接，下端和直流电动机连接，直流调速器将交流电转化成两路输出直流电源，一路输入给直流电动机砺磁（定子），一路输入给直流电动机电枢（转子），直流调速器通过控制电枢直流电压来调节直流电动机转速。同时，直流电动机给调速器一个反馈电流，调速器根据反馈电流来判断直流电动机的转速情况，必要时修正电枢电压输出，以此来再次调节电动机的转速。

二、常用直流调速器的外形结构和工作方式

随着计算机技术的发展，过去的模拟控制系统正在被数字控制系统所代替。在带有微型计算机的通用全数字直流调速装置中，在不改变硬件或改动很少的情况下，仅依靠软件支持，就可以方便地实现各种调节和控制功能，因而，全数字直流调速装置的可靠性和应用的灵活性要明显优于模拟控制系统。常用的直流调速器有西门子直流调速器（6RA70 系列）、ABB 直流调速器（DCS500 系列）、泰莱德自动化 TLDE 直流调速器（DC900 C 型系列）和派克直流调速器（590C、590P 系列）。本节以 6RA70 系列通用全数字直流调速装置为例进行介绍。

1. 外形结构

西门子 6RA70 系列直流调速装置为三相交流电源直接供电的全数字控制装置，用于可调速直流电动机电枢和励磁供电，装置额定电流范围为 15 ~ 2 200 A，可通过并联西门子整流装置进行扩展。6RA70 系列直流调速装置的规格型号不同，形状尺寸也不同，如图 4 – 20 所示。

从功能上看，6RA70 系列直流调速装置是由数字电子电路和晶闸管电路综合构成的一种电气装置，其体积小、结构紧凑，各个单元容易拆装，所以易于维护和保养。

装置采用模板化结构，其基本模板包括功率模板、功率接口模板、电子板、简易操作面板等。这些模板依次安装在装置内部，如图 4 – 21 所示。

（1）简易操作面板

西门子 6RA70 系列直流调速装置配备一个简易操作面板（PMU），安装在门上，如图 4 – 22 所示。

简易操作面板提供了启动整流器、对整流器进行调整和设定以及显示测量值的所有工

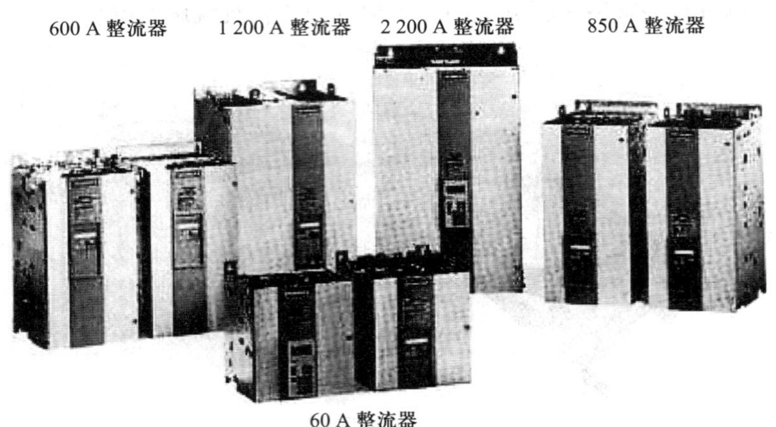

图 4－20　西门子 6RA70 外形图

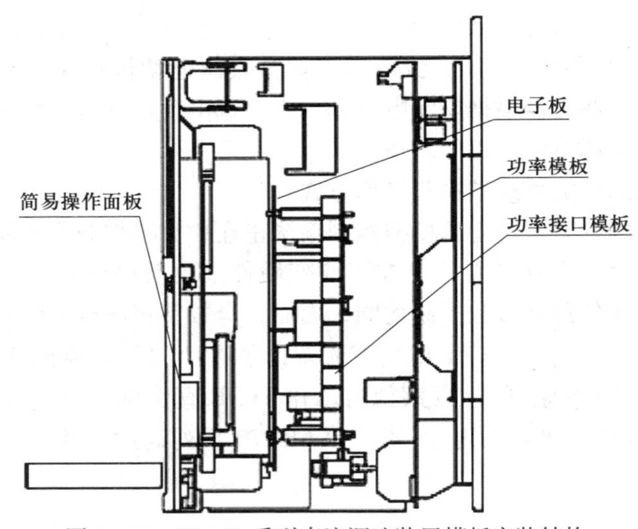

图 4－21　6RA70 系列直流调速装置模板安装结构

具。控制面板由 5 位 7 段数码管显示器和三个状态指示 LED（发光二极管）以及三个参数控制键（P 键、上升键▲、下降键▼）组成。其中：

P 键用于在变址参数时，完成参数号（参数方式）、参数值（数值方式）和变址号（变址方式）之间的转换；上升键（▲）用于控制参数方式时，选择一个更高的参数号；下降键（▼）用于控制参数方式时，选择一个较低的参数号。

Run 绿色 LED 亮起，表示“转矩方向激活”状态；Ready 黄色 LED 亮起，表示“准备好”状态；Fault 红色 LED 亮起，表示“出现故障”状态；LED 闪烁表示设备发出报警。

此外，在简易操作面板上还有一个控制信号接口 X300，与 PLC 或 PC 机串口连接后，可以在中央控制中心或控制室对整流器进行控制和操作。

6RA70 系列直流调速装置通过简易操作面板更改设定值（参数），激活整流器功能或显示测量值。在电子板电源电压接通后，操作面板通常显示 6RA70 系列直流调速装置当前的

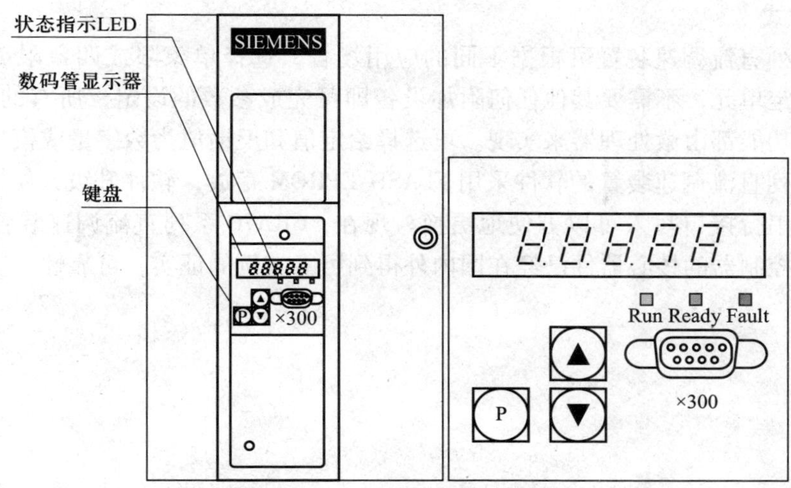

图 4－22　门上的简易操作面板

运行状态；当直流调速装置处于故障/报警状态时，显示故障或报警号。

（2）电子板

电子板上集成有 CPU 处理器 C 163 和 C 167、1024 KB 的 Flash EPROM（快可擦只读存储器），双处理器处理电枢回路、励磁回路开环和闭环所有传动控制功能。基本电子板和其他用于技术扩展和串行接口的附加板位于电子箱内。

6RA70 系列直流调速装置中内置了丰富的工艺控制软件模块，无需编程只需提供必要的参数，即可实现补偿控制、位置控制、压力控制等工艺控制，不需要额外增加硬件投资。高性能的计算特性保证了传动装置优良的动态性能，电流环的上升时间为 6 ~ 9 ms，速度环的上升时间为 25 ms。

（3）功率模块

6RA70 系列直流调速装置的电枢回路采用三相桥式电路，单象限工作装置的电枢由三相全控桥供电，四象限工作整流器通过两个三相全控桥无环流反并联连接电路供电；6RA70 系列直流调速装置的励磁回路采用单相半控桥电路。

对于额定直流电流为 15 ~ 850 A（400 V 电源电压时为 1 200 A）的整流器，电枢和励磁回路的功率单元采用独立晶闸管模块结构，散热器是绝缘的。高于额定直流电流的整流器，电枢回路的功率单元由平板式晶闸管和散热器构成，其外部是带电的。

（4）接口和扩展板

除上述提到的基本模板外，6RA70 系列直流调速装置的硬件可以通过模板化方式扩展，如模拟量和开关量输入和输出扩展板，装置与装置直接并联的扩展板，与上位机自动化 PLC 系统通信的通信板以及针对各种工艺控制的工艺板。

通过基本单元上的串行接口，应用适当的软件，标准的 PC 机也可以对整流器进行参数设置。这个 PC 接口可用在启动、停机维护和运行诊断过程中。此外，整流器的软件升级可通过这个接口，装载存储到闪存中。

2. 工作方式

6RA70 系列直流调速装置可根据不同的应用场合，选择单象限或四象限工作，装置本身带有参数设定单元，不需要其他任何附加设备即可完成参数的设定，所有的控制、调节、监视以及附加功能都由微处理器来实现。可选择给定值和反馈值为数字量或模拟量。

6RA70 系列直流调速装置的软件采用 FLASH EPROM 存放，软件升级方便快捷，通过使用基本装置的串行接口写入可以方便地更换。现在，6RA70 系列直流调速装置已经广泛应用于各行业，控制器的核心器件已经在国内外得到可靠实例的证实，可靠性、安全性方面较有保障。

第五章 异步电动机的调速系统

学习目标

1. 熟悉变频调速的基础知识。
2. 掌握变频器的分类及工作原理。
3. 熟悉转速开环变频调速系统结构原理。
4. 了解异步电动机转差频率控制系统结构原理。
5. 了解异步电动机矢量控制变频调速系统结构原理。
6. 了解异步电动机直接转矩控制变频调速系统结构原理。

§5－1 变频调速的基础知识

由异步电动机转速 $n=60f_1/p\ (1-S)$ 可知，当极对数 p 不变时，异步电动机转速 n 和电源频率 f_1 成正比。连续地改变供电电源频率，就可以平滑地调节电动机的速度。这种调速方法称为变频调速。变频调速具有很好的调速性能，在交流调速方式中具有重要的意义，应用相当广泛，是可与直流双闭环系统相竞争的调速方式。

对于实际的生产机械，不但要求可以调速，而且要求有较好的调速性能。连续改变异步电动机的供电频率，可以平滑地调速。

由电机学可知，异步电动机有以下关系式：

$$U_1 \approx E_1 = 4.44 f_1 K_{N1} N_1 \Phi_m \tag{5-1}$$

式中，定子绕组匝数 N_1、定子绕组系数 K_{N1} 为常数。在电源频率 f_1 一定时，定子绕组感应电动势 E_1 与产生它的气隙合成磁通 Φ_m 成正比。忽略定子阻抗压降时，定子电压 U_1 与 E_1 近似相等。由式（5－1）可知，若 U_1 不变，f_1 与 Φ_m 成反比。如果 f_1 下降，则 Φ_m 增加，使磁路过饱和，励磁电流迅速上升，铁损增加，电动机效率降低，同时也使功率因数减小。如果 f_1 上升，则 Φ_m 减小，电磁转矩减小，电动机的过载能力下降。可见，在调节 f_1 的同时，还要协调控制其他量，才可以使异步电动机具有较好的性能。一般是在调节 f_1 的同时，控制 U_1 或定子电流 I_1。两个被控量的协调关系不同时，有不同的机械特性。

一、保持 U_1/f_1 恒定的控制方式

一般生产机械的负载多为恒转矩负载。对恒转矩负载，希望在调速过程中保持最大转矩 T_{max} 不变，即电动机的过载能力不变。由电机学可知，最大转矩 T_{max} 为：

$$T_{max}=\frac{3pU_1^2}{4\pi f_1[r_1+\sqrt{r_1^2+(X_1+X_2')^2}]} \tag{5-2}$$

式中，X_1 和 X_2' 为定子漏电抗和转子漏电抗的折合值。

若忽略定子电阻 r_1，考虑到 $X_1+X_2'=X_k=2\pi f_1(L_1+L_2')$，则 $T_{max}\propto(U_1/f_1)^2$。所以，在从额定频率（称为基频）向下调节 f_1 时，协调控制 U_1，使 U_1 与 f_1 的比值保持不变，即可保证在调速过程中，电动机的最大转矩不变。该方式称为恒压频比控制方式。

在频率较高时，定子电阻 r_1 相对于短路电抗 X_k 来说可以忽略（因为 $X_k\propto f_1$）。在调节 f_1 的同时，调节 U_1，并保持 U_1/f_1 = 常数，即可使 T_{max} 不变。但是在频率较低时，r_1 相对 X_k 来说不能忽略。此时，即使保持压频比恒定，Φ_m 也要减小，从而使最大转矩 T_{max} 减小。电动机低速运行时，过载能力随转速 n 的降低而降低。因此，这种控制方式的变频调速只适用于风机类负载，或是轻载启动且要求调速范围较小的场合。

对于要求调速范围大的恒转矩负载，希望在整个调速范围内保持最大转矩不变，即 Φ_m 不变，由公式（5-1）看出，可以采用 E_1/f_1 = 常数的控制方式，也称为恒磁通控制方式。

由于异步电动机的感应电动势 E_1 不好测量和控制，所以在实际应用中，多采用补偿的办法。随着 f_1 的降低，适当提高 U_1，以补偿 r_1 上的压降，等效地满足 E_1/f_1 = 常数，以达到维持最大转矩不变的目的。图 5-1 所示的曲线 1 为 U_1/f_1 = 常数时的 U_1 与 f_1 的关系曲线；曲线 2 是随 f_1 的降低，逐渐增加补偿量时的 U_1 与 f_1 的关系曲线；曲线 3 所示的补偿情况，除与曲线 2 有相同作用外，考虑到低频空载时，由于电阻压降减小，应减少补偿量，否则将使电动机磁通 Φ_m 增大，导致磁路过饱和带来的问题，故 U_1 与 f_1 的曲线是折线。具体如何选择这一曲线，要根据生产工艺要求而定。

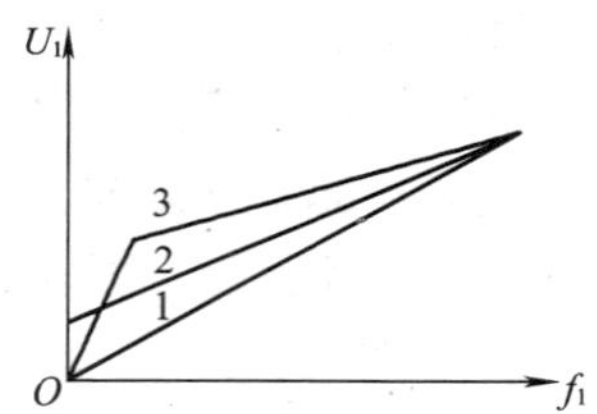

图 5-1　恒磁通变频调速时的补偿特性

二、恒功率控制方式

电动机在额定转速以上运行时，电源频率将大于额定频率，如按以上控制方式，定子电压要相应地高于额定电压，这是不允许的。因此，在基频以上应采取恒功率控制方式。这与直流电动机在额定转速以上，采用恒压弱磁调速相似。此时，由于定子电压限制在允许范围内，频率升高，致使气隙磁通减小，转矩减小，但因为转速上升了，所以属恒功率性质。

只要满足 U_1^2/f_1 为常数的条件，即可达到恒功率调速。实际在基频以上调速时，是保持 U_1 为额定值不变，而只升高频率，所以为近似恒功率调速。

综上所述，一般在基频以下采用 U_1/f_1 为常数或 E_1/f_1 为常数的控制方式，基频以上采用恒功率控制方式。因此，要有针对性地研究机械特性。

三、机械特性

由 $n_0=60f_1/p$ 可知，由不同的 n_0 可得到不同的机械特性。若再得知最大转矩的变化规律和机械特性运行段的斜率，即可大致画出变频调速的机械特性。

1. 最大转矩

当 f_1 从基频向下调，而数值较高时，r_1 可忽略，$T_{max}\propto U_1/f_1$，按压频比恒定的控制方式调速，最大转矩基本保持不变。当 f_1 数值较低时，r_1 不可忽略，由公式（5－2）可见，最大转矩将减小。这是因为在 r_1 上产生的压降使得定子电动势 E_1 进一步降低，气隙磁通 Φ_m 减小，所以，即使保持 $U_1/f_1=$ 常数，也不能保持 Φ_m 不变，致使最大转矩 T_{max} 减小。f_1 下降越多，对 r_1 的影响越大，T_{max} 减小越多。为了提高低速时电动机的过载能力，必须适当地提高 U_1，采用 $E_1/f_1=$ 常数的控制方式。当从基频向上调时，U_1 保持额定值不变，f_1 增加，Φ_m 减小，T_{max} 随之减小。

2. 运行段的斜率

由电机学可知，临界转差率 S_m 为：

$$S_m=\frac{r_2'}{\sqrt{r_1^2\pm(X_1+X_2')^2}}=\frac{r_2'}{2\pi f_1(L_1+L_2')}$$

又因为转速 $n=n_0$（$1-S$），所以对应最大转矩时的转速降为：

$$\Delta n_m=S_m n_0=\frac{r_2'}{2\pi f_1(L_1+L_2')}\frac{60f_1}{p}=\text{常数}$$

可见 Δn_m 与频率 f_1 无关。因此，无论在基频以下还是基频以上调速时，机械特性都是平行上下移动的。到频率 f_1 很低时，r_1 不可以忽略，Δn_m 减小，机械特性更硬些。根据以上分析，可以定性画出如图 5－2a 所示的机械特性。当异步电动机在某一频率下运行时，如果将频率迅速降低，n_0 下降的幅度较大，使转差率 S 变负，则可以使电动机过渡到回馈制动状态，此时电动机运行在第二象限，同直流电动机一样，向电网回送电能。在减速过程中，如果始终保持频率比转速 n 下降得快，即 n_0 比 n 下降得快，电动机可以一直在回馈制动状态下运行，如图 5－2b 所示。这种减速和停车都是很经济的。

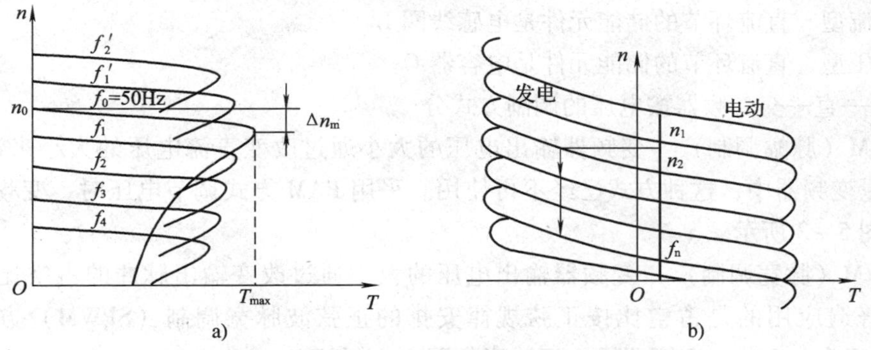

图 5－2　异步电动机变频调速时的机械特性

a）机械特性　b）电动与发电状态

§5－2 变频器的分类及工作原理

变频器的任务是把电压和频率恒定的电网电压变成电压和频率可调的交流电。大多数情况下，是将工频（50 Hz）交流电转变为电压、频率可调的交流电。

一、变频器的分类

1. 按变换环节分类

按变换环节不同，变频器一般分类如下：

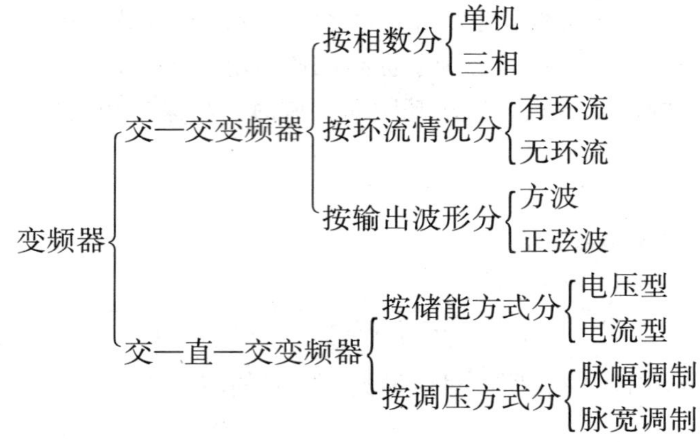

（1）交—交变频器　把频率固定的交流电源直接变换成频率连续可调的交流电源。其主要优点是没有中间环节，故变换效率高，但其连续可调的频率范围窄，一般为额定频率的1/2以下（$0\sim f_N/2$），故它主要用于容量较大的低速拖动系统中。

（2）交—直—交变频器　先把频率固定的交流电整流成直流电，再把直流电逆变成频率和电压可调的三相交流电。由于把直流电逆变成交流电的环节较易控制，因此，在频率的调节范围，以及改善变频后电动机的特性等方面都具有明显的优势。该类变频器目前得到了广泛应用。

1）交—直—交变频器按直流环节的储能方式分

① 电流型　直流环节的储能元件是电感线圈 L。

② 电压型　直流环节的储能元件是电容器 C。

2）交—直—交变频器按电压的调制方式分

① PAM（脉幅调制）　变频器输出电压的大小通过改变直流电压的大小来进行调制。在中小容量变频器中，这种方式已经不再使用。采用 PAM 方式调节电压时，变频器输出电压波形如图 5－3 所示。

② PWM（脉宽调制）　变频器输出电压的大小通过改变输出脉冲的占空比来进行调制。目前普遍应用的是占空比按正弦规律安排的正弦波脉宽调制（SPWM）方式。采用 PWM 方式调节电压时，变频器输电压波形如图 5－4 所示。

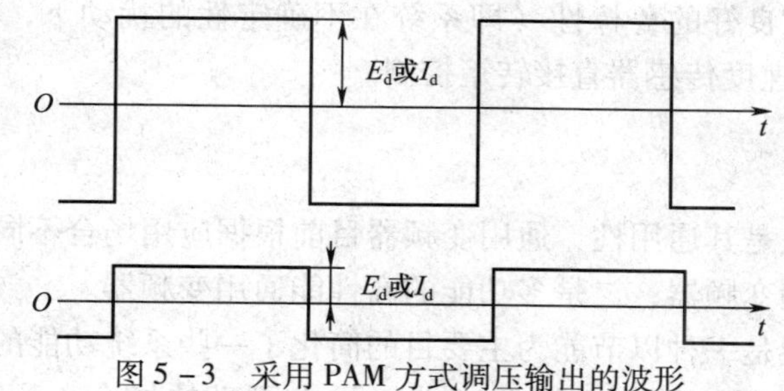

图 5-3　采用 PAM 方式调压输出的波形

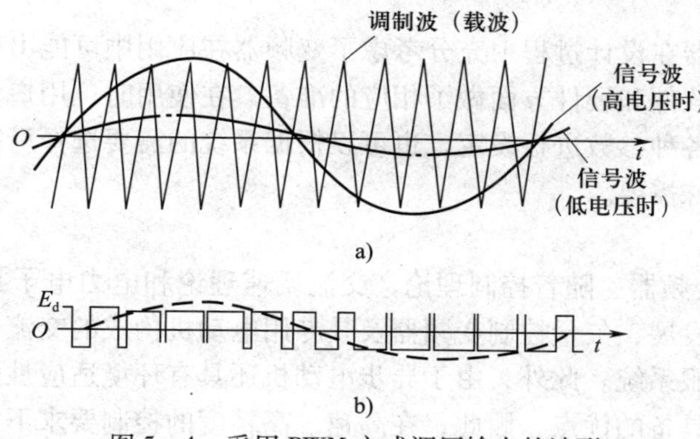

图 5-4　采用 PWM 方式调压输出的波形

a）调制原理　b）输出电压波形

2. 按控制方式分类

（1）*U/f* 控制变频器

U/f 控制又称恒压频比控制，其特点是对变频器输出的电压和频率同时进行控制。在电动机的额定频率（即变频器的基本频率）以下调速时，通过保持 *U/f* 恒定使电动机获得所需的转矩特性。这种控制方式的变频器成本低，多用于精度要求不高的场合。

（2）转差频率控制变频器

转差频率控制也称 SF 控制。转差频率控制变频器是通过电动机、速度传感器构成的速度反馈闭环调速系统，其输出频率由电动机的实际转速与转差频率之和自动设定，在调速控制的同时控制输出转矩。与 *U/f* 控制相比，采用闭环控制，调速精度和动态特性较优。但由于需要在电动机轴上安装速度传感器，并依据电动机特性调节转差，通用性较差。

（3）矢量控制变频器

矢量控制简称 VC，是对交流电动机的一种新的控制思想和控制技术，也是异步电动机的一种理想调速方法。矢量控制的基本思想是将异步电动机等效成直流电动机模型，利用直流电动机双闭环控制思想控制异步电动机。矢量控制方式使得异步电动机的高性能成为可能，所以在许多精密或快速控制领域得到应用。

（4）直接转矩控制

直接转矩控制简称 DTC，它是把转矩直接作为控制量来控制。直接转矩控制的优越性在于：转矩控制是控制定子磁链，在本质上并不需要转速信息，控制上对除定子电阻以外的所有电动机参数变化具有良好的鲁棒性（即系统在不确定性的扰动下，保持某种性能不变的能力），能方便实现无速度传感器直接转矩控制。

3. 按用途分类

（1）通用变频器

通用变频器的特点是其通用性，通用变频器目前根据应用场合不同向两个方向发展，一是低成本的简易型通用变频器；二是多功能的高性能通用变频器。

简易型通用变频器是一种以节能为主要目的简化了一些系统功能的通用变频器。它主要应用于水泵、风扇、鼓风机等对系统调速性能要求不高的场合，具有体积小、价格低等优势。

高性能通用变频器在设计过程中充分考虑了变频器在应用中可能出现的各种需要，并为满足这些需要在系统软件和硬件方面做了相应的准备。在使用时，用户可以根据负载特性选择算法并对变频器的各种参数进行设定，也可以根据系统的需要选择厂家所提供的各种备用选件来满足系统的特殊需要。

（2）专用变频器

1）高性能专用变频器　随着控制理论、交流调速理论和电力电子技术的发展，异步电动机的矢量控制得到发展，矢量控制变频器及其专用电动机构成的交流伺服系统的性能已经达到和超过了直流伺服系统。此外，由于异步电动机还具有环境适应性强、维护简单等许多直流伺服电动机所不具备的优点，因此，在高速、高精度的控制要求下，这种高性能交流伺服变频器正在逐步代替直流伺服系统。

2）高频变频器　在超精密机械加工中常要用到高速电动机。为了满足其驱动的需要，出现了采用 PAM 控制的高频变频器，其输出主频可达 3 kHz，驱动两极异步电动机时的最高转速为 180 000 r/min。

3）高压变频器　高压变频器一般是大容量的变频器，最高功率可达 5 000 kW，电压等级为 3 kV、6 kV 和 10 kV。高压大容量变频器主要有两种结构形式：一种是用低压变频器通过升降压变压器构成，称为“高—低—高”式变压变频器，亦称为间接式高压变频器。另一种采用大容量 IGBT 绝缘栅双极晶闸管或 IGCT 集成门极换流晶闸管串联方式，不经变压器直接将高压电源整流为直流，再逆变输出高压，称为“高—高”式高压变频器，亦称为直接式高压变频器。

二、变频器的额定值和频率指标

1. 输入侧的额定值

主要指电压和相数。在我国中小容量变频器中，输入电压的额定值有以下几种（均为线电压）：

（1）380 V，三相　这是绝大多数。

（2）220 V，三相　主要用于某些进口设备中。

（3）220 V，单相　主要用于家用小容量变频器中。

此外，对输入侧电源电压的频率也都做了规定，通常都是工频 50 Hz 或 60 Hz。

2. 输出侧的额定值

（1）输出电压 U_N　由于变频器在变频的同时也要变压，所以，输出电压的额定值是指输出电压中的最大值。在大多数情况下，它就是输出频率等于电动机额定频率时的输出电压值。通常输出电压的额定值总是和输入电压相等。

（2）输出电流 I_N　是指允许长时间输出的最大电流，是用户在选择变频器时的主要依据。

（3）输出容量 S_N　S_N取决于 U_N和 I_N的乘积。

$$S_N = \sqrt{3} U_N I_N$$

（4）配用电动机容量 P_N　对于变频器说明书中规定的配用电动机容量，需说明如下：

1）它是根据下式估算的结果：

$$P_N = S_N \eta_M \cos\varphi_M$$

式中　η_M——电动机的效率；

$\cos\varphi_M$——电动机的功率因数。

由于电动机容量的标称值一般是比较统一的，但 η_M和 $\cos\varphi_M$ 值却很不一致，所以，配用电动机容量相同的不同品牌的变频器的容量常常不相同。

2）说明书中的配用电动机容量，仅对长期连续负载适用，对于各种变动负载则不适用。

（5）过载能力　变频器的过载能力是指其输出电流超过额定电流的允许范围和时间。大多数变频器都规定为150% I_N，1 min。

3. 频率指标

（1）频率范围　即变频器输出的最高频率 f_{max}和最低频率 f_{min}。各种变频器规定的频率范围不尽一致。通常最低工作频率为0.1～1 Hz，最高工作频率为200～500 Hz。

（2）频率精度　指变频器输出频率的准确程度。由变频器的实际输出频率与给定频率之间的最大误差与最高工作频率之比的百分数来表示。

通常，由数字量给定时的频率精度约比模拟量给定时的频率精度高一个数量级。

（3）频率分辨率　指输出频率的最小改变量，即每相邻两挡频率之间的最小差值。

三、变频器的工作原理

下面以单相逆变电路为例介绍频率可调的基本原理。图5－5a 所示为单相逆变电路原理图。直流电压 U_d经过由四个晶闸管元件组成的桥式电路，接在负载上（即交流电动机的某一相上），元件1和元件4，元件2和元件3按一定的频率轮流导通时，在负载上即可得到该频率下的方波交流电压，其波形如图5－5b 所示。电路中串入电感，可使负载端电压近似成正弦波。控制元件导通和关断的周期 T，即可得到不同频率的交流电压，达到变频的目的。这也是在交—直—交变频器中，逆变器输出交流电频率可调的基本原理。

由上述分析可以看出，人为地控制逆变器输出交流电的频率，就是要控制元件的导通和关断。在逆变器中，用到的晶闸管或者晶体管，都是作为开关元件使用的。因此，它们要有可靠的导通和关断能力。对于晶闸管，只要其正负极间有正向电压，并且在门极加载正的触发信号，即可使之导通。晶闸管一旦触发导通，门极就失去控制作用，要使它截止，必须在正负极间施加反向电压或使阳极电流小于维持电流。因此，在交—直—交变频器的逆变器中，需要设专门的强迫换流电路，以保证晶闸管按时关断。故此，由晶闸管半控元件组成的

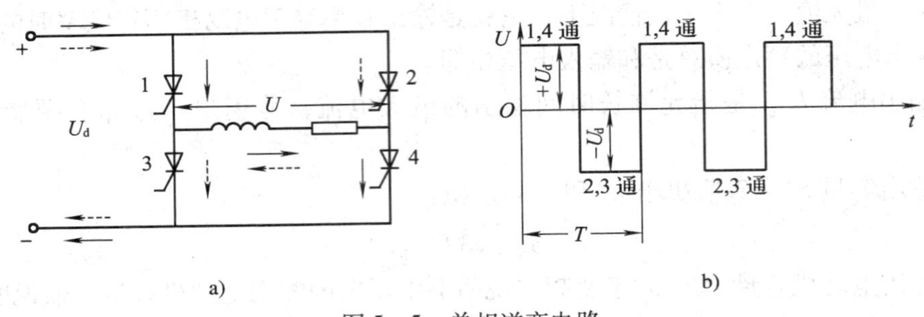

图 5－5　单相逆变电路

a）原理图　b）波形图

逆变器，结构非常复杂。到 20 世纪 90 年代，全控功率开关元件，如可关断晶闸管 GTO、大功率晶体管 GTR、绝缘门极双极型晶体管 IGBT 等，已经在中、小功率逆变器中取代了普通晶闸管，这些开关元件的导通和关断都很容易控制，不需要强迫换流电路，从而使逆变器结构大为简化。

图 5－6 所示为三相交—交变频系统的原理图。如果使左右两组晶闸管轮流向交流电动机供电，交流电动机的定子上即可得到交流电压，两组晶闸管切换得快，则电压频率高，反之则频率低。这就是交—交变频器的工作原理。交—交变频器的主要优点是只进行一次能量变换，所以效率较高，而且晶闸管靠电源电压自然换流，不需要设置强迫换流装置。其缺点是所用开关元件多。从图 5－6 可以看出，单相要用两组三相桥，需要 12 只开关元件，三相交—交变频器则需要 36 只开关元件。另外，这种变频器输出电压的频率调节范围在电源频率的 1/3 以下，最高不超过 1/2，所以限制了它的应用场合。一般用于低速、大功率的调速系统中。

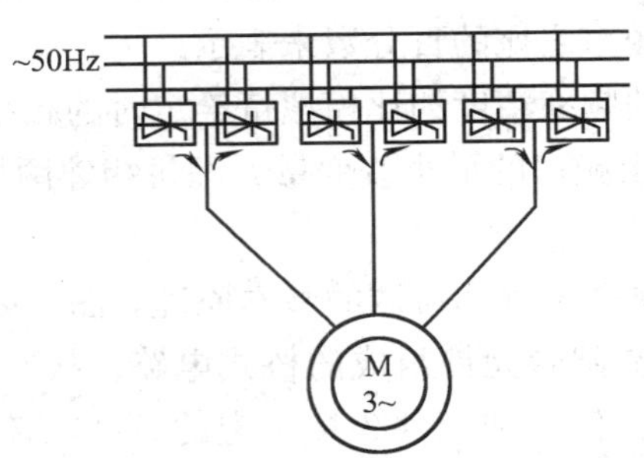

图 5－6　三相交—交变频系统原理图

四、电压型变频器和电流型变频器

不论交—直—交变频器还是交—交变频器，根据变频电源的性质，又可分为电压型变频器和电流型变频器。如果变频电源接近理想的电压源，称为电压型变频器，也称为电压源变频器；如果变频电源接近理想的电流源，则称为电流型变频器，也称为电流源变频器。

图 5－7 所示是交—直—交变频器向异步电动机供电的主回路结构图。图中，UR 表示整流器，UI 表示逆变器，CVCF 表示恒压恒频电源，VVVF 表示变压变频电源。图 5－7a 所示的中间环节是大电容器滤波，使直流侧电压 U_d 接近恒定，变频器的输出电压随之恒定，相

当于理想的电压源，称为交—直—交电压型变频器。由于采用大电容滤波，直流侧电压恒定，输出电压为矩形波，输出电流由矩形波电压和电动机正弦波电动势之差产生，所以其波形接近正弦波。又因为逆变器的直流侧电压极性固定，不能实现反馈制动。若需要反馈制动时，必须在整流侧反并联一组晶闸管，供逆变时使用，逆变器通过反馈二极管工作在整流状态；附加的一组晶闸管工作在逆变状态，向电网反馈电能。

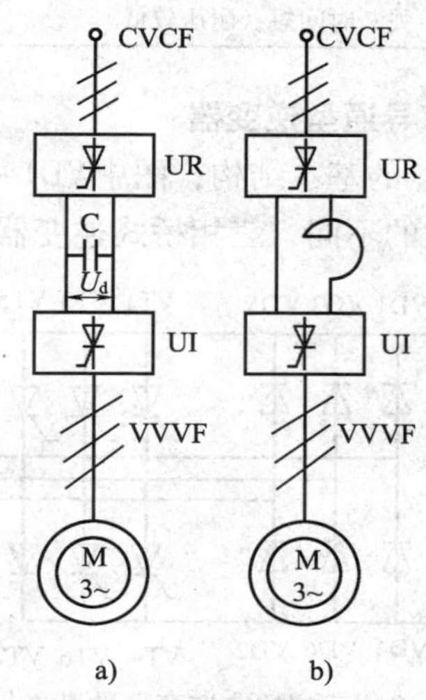

图 5－7　交—直—交变频器向异步电动机供电的主回路结构

a）使用电容滤波　b）使用电抗器滤波

图 5－7b 所示的中间环节是电感很大的电抗器滤波器，电源阻抗大，直流环节中的电流 I_d 可近似恒定，逆变器输出电流随之恒定，相当于理想的电流源，称为交—直—交电流型变频器。它的逆变器输出电流波形为矩形波，输出电压波形由电动机正弦波电动势决定，所以近似为正弦波。这种变频器可以实现反馈制动，反馈制动时，主回路电流 I_d 方向不变，而电压 U_d 极性改变，整流器工作于逆变状态，逆变器工作在整流状态，从而使主回路在不增加任何元件的条件下，电动机能自动地从电动状态进入反馈制动状态。这是该变频器的突出优点。

对于交—直—交变频器，恒压恒频电源本身具有电压源性质，所以在不加滤波装置时，变频器就是电压型的。如果在交—直—交变频器中，人为串入大电感电抗器，它就具有电流源性质，称为交—直—交电流型变频器。

由以上分析可以看出，电压型变频器和电流型变频器的主要区别在于，两者对无功能量的处理方法不同。两者技术特点的比较，见表 5－1。

表 5－1　电压型变频器与电流型变频器特点比较

变频器类型	电压型	电流型
直流回路滤波环节	电容器	电抗器
输出电流波形	接近正弦波	矩形波
输出电压波形	矩形波	接近正弦波

续表

变频器类型	电压型	电流型
回馈制动	需在电源侧附加反并联逆变器	方便，不需附加设备
过流及短路保护	困难	容易
动态特性	较慢，采用 PWM 方式则快	较快
对开关元件要求	关断时间短，耐压较低	耐压高

五、180°导通型逆变器和120°导通型逆变器

图5－8所示为三相桥式逆变器的基本结构，图中VD1～VD6为续流二极管，VT1～VT6为主晶闸管。按照变频器工作方式的不同，三相桥式逆变器分为180°导通型和120°导通型。

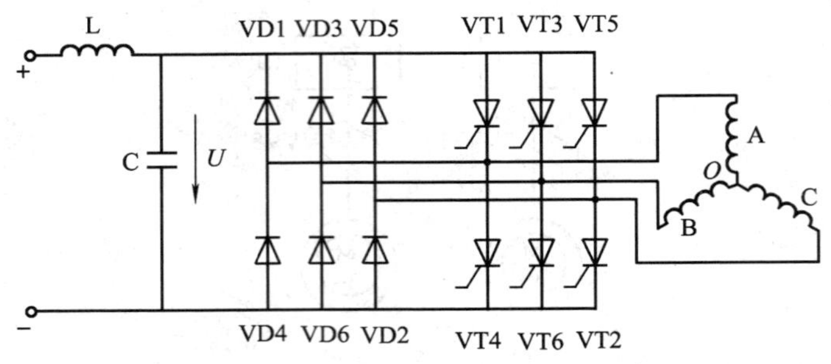

图5－8　三相桥式逆变器的基本结构

1. 180°导通型逆变器

电动机正转时，在逆变器中晶闸管的导通顺序是从VT1到VT6，如图5－9a所示。每个触发脉冲相隔60°电角度，每个晶闸管持续导通时间为180°电角度。在逆变器中，任何瞬间都有三个晶闸管同时导通。晶闸管之间的换流是在同一桥臂的上、下两个晶闸管间进行的，即在VT1－VT4，VT3－VT6，VT5－VT2之间进行相互换流。各区间的等效电路如图5－9b所示。设负载为星形联结，逆变器的换流是瞬间完成的，以中性点O点电位为参考点，则晶闸管顺序导通时的相电压波形如图5－9c所示。例如，在区间①中，VT1，VT5和VT6导通，由其等效电路知，$u_{AO}=u_{CO}=U/3$，$u_{BO}=-2U/3$；在区间②中，VT1，VT2和VT6导通，$u_{AO}=2U/3$，$u_{BO}=u_{CO}=-U/3$；在区间③中，VT1，VT2和VT3导通，$u_{AO}=u_{BO}=U/3$，$u_{CO}=-2U/3$；区间④～⑥与以上相同，只是电源极性相反。可以看出相电压波形为阶梯波。因线电压为两个相电压之差，有$u_{AB}=u_{AO}-u_{BO}$，$u_{BC}=u_{BO}-u_{CO}$，$u_{CA}=u_{CO}-u_{AO}$，可得如图5－9d所示的矩形波，各相之间互差120°，三相对称。因为频率$f=1/T$，所以改变周期时间T，就可以改变逆变器输出的交流电压频率f；而U的大小受控制角α控制，改变α可以改变U。可见逆变器可以变压变频，也可以单独进行调节，二者可分别控制。

由图5－9所示的波形图，可以求出线电压的有效值U_{AB}和相电压的有效值U_{AO}为：

$$U_{AB}=\sqrt{\frac{2}{3}}U\approx 0.817U$$

$$U_{AO}=\frac{\sqrt{2}}{3}U\approx 0.471U$$

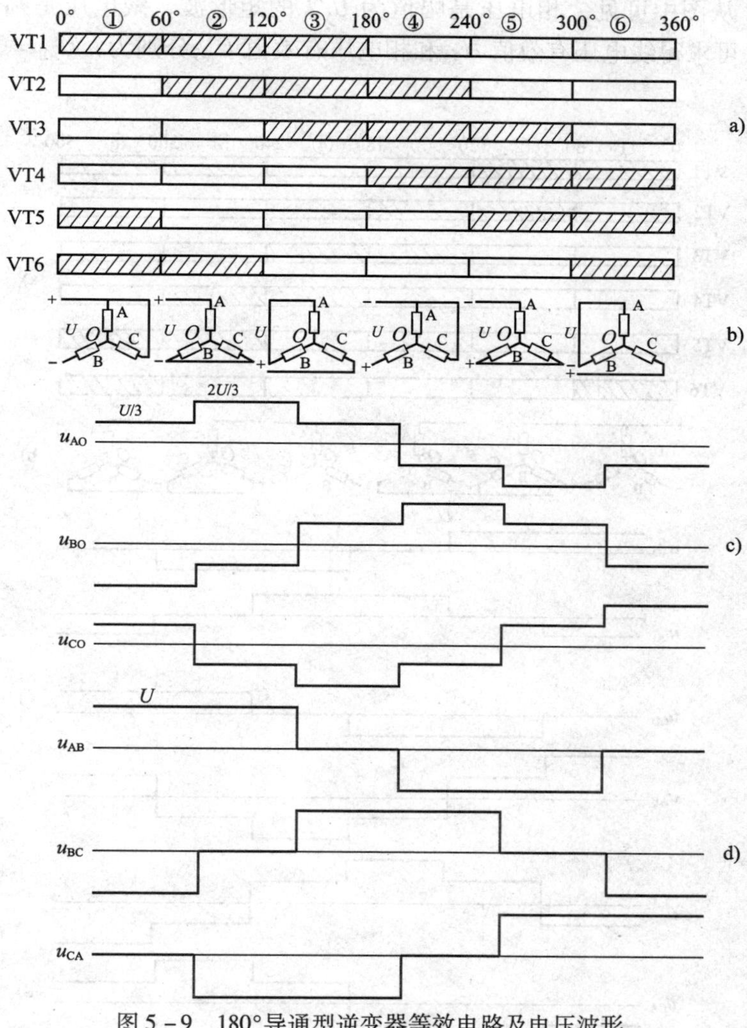

图 5－9　180°导通型逆变器等效电路及电压波形

线电压有效值与相电压有效值之比刚好等于$\sqrt{3}$。二者都不是正弦波，可以用傅里叶级数进行谐波分析。分析结果除基波外，不含 3 次和 3 的倍数次谐波，只含有 5，7，11，…高次谐波，对电动机的运行影响不大，只会使电压波形有些畸变，同时会增加电动机的谐波损耗。因为在以上分析过程中，忽略了换流过程和逆变电路中的压降，所以实际的电压波形与上面的分析结果稍有出入。

2. 120°导通型逆变器

电动机正转时，逆变器中晶闸管的导通顺序仍是 VT1 到 VT6，各触发脉冲相隔 60°电角度，只是每个晶闸管持续导通时间为 120°电角度，因此任何瞬间有两个晶闸管同时导通，它们的换流在相邻桥臂间进行。这样同一桥臂上两个晶闸管的导通有 60°间隔，不易造成短路，比 180°导通型逆变器换流安全。

120°导通型逆变中，晶闸管的导通顺序、各区间的等效电路及相电压、线电压波形如

图 5 - 10 所示。从图中可见，相电压是幅值为 $U/2$ 的矩形波，线电压是幅值为 U 的梯形波。用同样方法可求得线电压有效值 U_{AB} 和相电压有效值 U_{AO} 分别为：$U_{AB}=0.707U$，$U_{AO}=0.409U$。

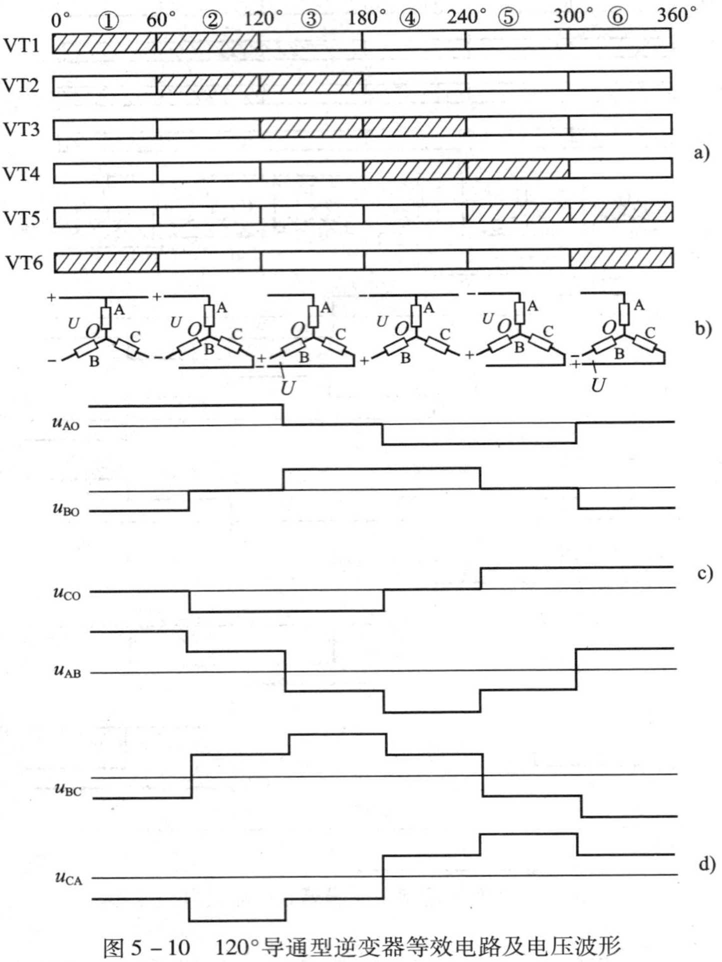

图 5 - 10　120°导通型逆变器等效电路及电压波形

比较两种导通方式可知：在 120°导通型和 180°导通型逆变器中，开关元件的导通顺序和触发脉冲间隔是一样的，之所以有不同的导通时间，完全是因为换相的原理不同所致。前者是在相邻桥臂间进行，后者是在一个桥臂的上、下元件间进行。由于导通时间不同，前者的电压有效值低于后者。

§5 - 3　转速开环变频调速系统

转速开环变频调速系统是指没有设置转速反馈通道的变频调速系统。其性能比具有转速闭环通道的变频系统差，但结构简单，常用于对调速性能要求不高的场合，例如，风机、水泵、轧钢机生产线上的辊道传动系统等。

一、交—直—交电压型逆变器的频率开环调速系统

1. 输出电压控制方式

图5－11所示为交—直—交电压型逆变器三种输出电压的控制方式。

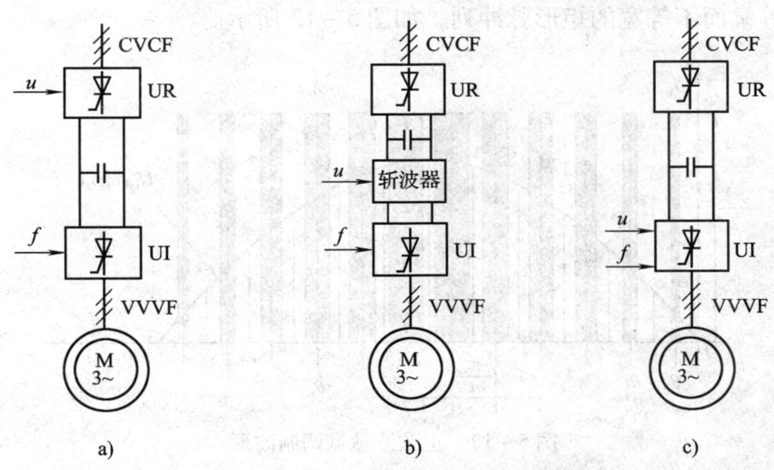

图5－11　交—直—交电压型逆变器的输出电压控制方式

a）可控整流器调压　b）直流斩波器调压　c）PWM逆变器调压

（1）可控整流器调压　这种控制方式是通过控制可控整流器的控制角α实现调压的，其结构简单、控制方便，是一般调速系统中常用的输出电压控制方式。但是在输出电压较低时，功率因数低，同时由于整流电路后面是较大的滤波电容，在动态过程中，直流电压的过渡过程时间延长，影响系统的动态响应速度。

（2）直流斩波器调压　不可控整流电路输出恒压直流电压，经过直流斩波器，将恒压直流电压变成可调直流电压，这样就克服了第一种方式中低速时功率因数低的问题，也降低了整流器的成本。但是，由于直流斩波器输出的是脉冲形式的电压，需要再次滤波才能得到较为平直的直流电压，加上斩波器本身，因此增加了直流回路的成本和线路的复杂性。

上面两种输出电压控制方式还有个共同的问题，就是逆变器输出的变频电压波形为矩形波，其中含有较多的谐波成分。

（3）PWM逆变器调压　即把逆变器输出的矩形波电压变成一系列宽度可调的脉冲列，改变脉冲列中各个脉冲的宽度，从而实现调压。这种方式下逆变器既调压又调频，所以整流器可采用不可控整流。更重要的是，采用PWM控制技术可以消除逆变器输出电压中的低次谐波，大大降低输出电压中的谐波成分，使输出电压波形更接近正弦波。很显然，它不仅克服了前两种方式存在的动态响应慢、输出电压中谐波成分大的共同问题，还克服了第一种方式存在的功率因数低的问题，因此在高性能的变频调速系统中被广泛采用。它的缺点是控制较复杂，对主回路逆变器开关元件的工作频率要求较高。

PWM逆变器是通过改变脉宽控制其输出电压，通过改变调制周期来控制其输出频率，所以脉宽调制方式对PWM逆变器的性能具有根本性的影响。脉宽调制的方法很多，从调制

脉冲的极性上看，有单极性和双极性之分；从载频信号和参考信号的频率之间的关系来看，又有同步式和异步式两种。

1）SPWM 波形

按照正弦规律变化的脉宽调制称为正弦波脉宽调制（SPWM），产生的调制波是按照正弦规律变化的等幅而不等宽的矩形脉冲列，如图 5－12 所示。

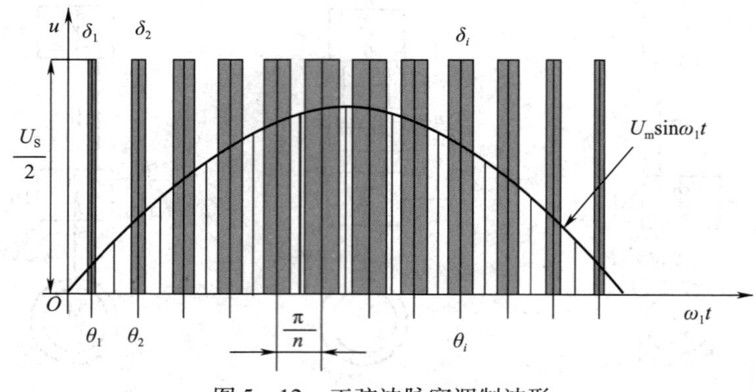

图 5－12　正弦波脉宽调制波形

等效的原则是每一区间的面积相等。如果把一个正弦半波分作 n 等份，然后把每一等份的正弦曲线与横轴所包围的面积都用一个与此面积相等的矩形脉冲来代替，矩形脉冲的幅值不变，各脉冲的中点与正弦波每一等份的中点相重合。这样，由 n 个等幅不等宽的矩形脉冲所组成的波形就与正弦波的半周等效，称作 SPWM 波形。

2）单极性 SPWM

SPWM 调制波的脉冲宽度基本上成正弦分布，各脉冲与正弦曲线下对应的面积近似成正比。SPWM 逆变器输出的基波电压的大小和频率均由参考电压 u_r 来控制。当改变 u_r 幅值时，脉宽随之改变，从而可改变输出电压的大小；当改变 u_r 频率时，输出电压频率随之改变。但正弦波最大幅值必须小于三角形幅值，否则输出电压的大小和频率就将失去所要求的配合关系。

如图 5－13 所示，对于三相逆变器，必须产生互差 120°的三相调制波。载频三角波 u_t 可以共享，但必须有一个参考信号发生器，产生三相可变频变幅正弦参考信号，然后分别与三角波相比较产生三相脉冲调制波。

若脉冲调制波在任何输出频率情况下，正、负半周始终保持完全对称，即为同步调制式。若载频三角波频率一定，只改变正弦参考信号频率，这时正、负半周的脉冲数和相位就不是始终对称的，即为异步调制。

3）双极性 SPWM

SPWM 双极性调制和单极性调制一样，输出基波大小和频率也是通过改变正弦参考信号的幅值和频率而改变的，如图 5－14 所示。进行变频调速时，要保持 U/f 恒定。由于是双极性调制，所以不必像单极性调制那样，要求加倒向控制信号。双极性调制方式，也可以采用同步式或异步式的调制方法。

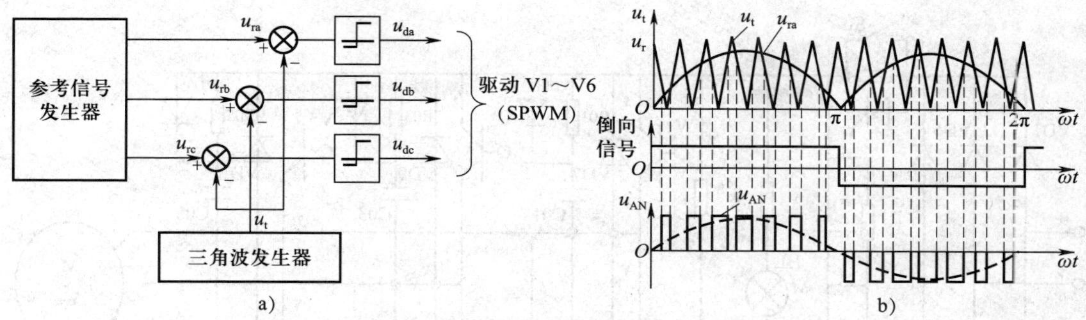

图 5－13 单极性 SPWM

a）SPWM 调制电路 b）单极性 SPWM 波形

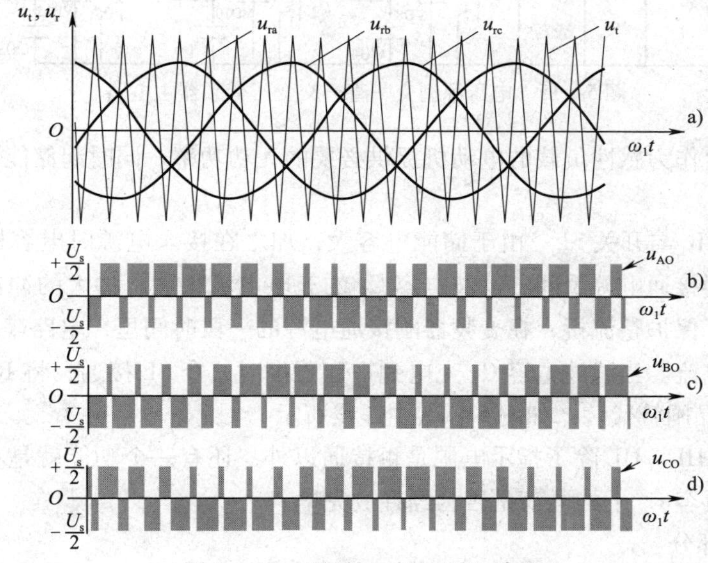

图 5－14 双极性三相 SPWM 波形

2. 主电路结构

主电路由整流电路、中间直流电路和逆变器三部分组成。电压源型交—直—交变压变频器主电路的基本结构如图 5－15 所示。

（1）交—直部分

1）整流电路 整流电路由 VD1～VD6 组成三相不可控整流桥，将电源的三相交流电全波整流成直流电。整流电路因变频器输出功率大小不同而不同。小功率的，输入电源多用单相 220 V，整流电路为单相全波整流电路；大功率的，一般用三相 380 V 电源，整流电路为三相桥式全波整流电路。

设电源的线电压为 U_L，那么三相桥式全波整流后的平均直流电压 $U_D = 1.35\ U_L$。三相电源电压为 380 V 时，整流后的平均直流电压是 513 V。

2）滤波电容 C_F 整流电路输出的整流电压是脉动的直流电压，必须加以滤波。滤波电容 C_F 的作用：除了滤除整流后的电压波纹外，还在整流电路与逆变器之间起去耦作用，以

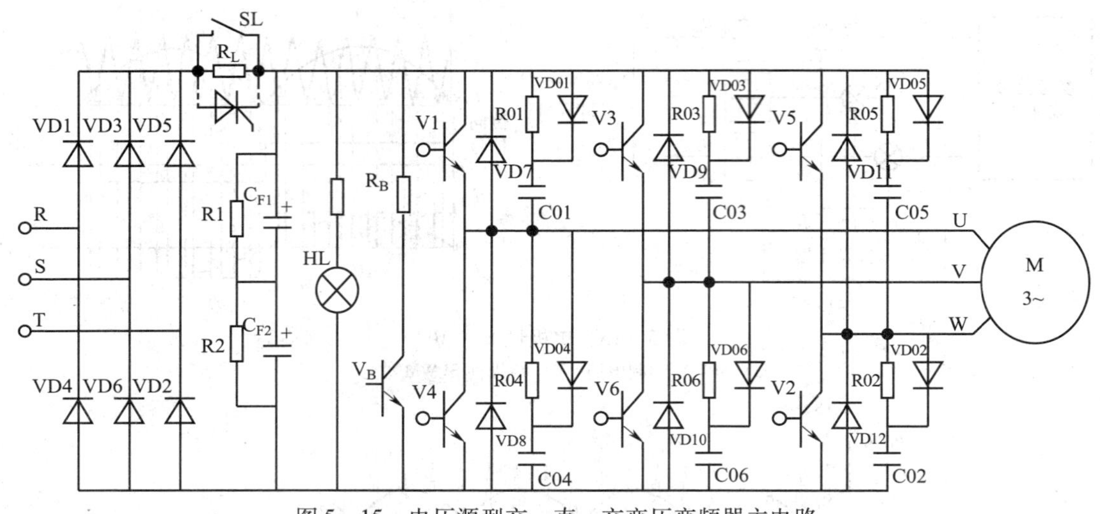

图 5－15　电压源型交—直—交变压变频器主电路

消除相互干扰，给作为感性负载的电动机提供必要的无功功率。同时起储能作用，所以称为储能电容。

3）限流电阻 R_L 与开关 SL　由于储能电容大，加之在接入电源时电容器两端的电压为零，所以当变频器接通电源瞬间，滤波电容 C_F 的充电电流很大。过大的冲击电流会使三相整流桥损坏。为了保护整流桥，在变频器刚接通电源的一段时间里，电路串入限流电阻 R_L，限制电容的充电电流。当滤波电容 C_F 充电到一定程度时，令 SL 接通，将 R_L 短接。在有些变频器里，SL 用晶闸管代替，如图 5－15 中虚线所示。

4）电源指示 HL　HL 除了指示电源是否接通以外，还有一个功能就是在变频器切断电源后，显示滤波电容 C_F 上的电荷是否已经释放完毕。

（2）直—交部分

1）逆变管 V1～V6　V1～V6 组成逆变桥，把 VD1～VD6 整流后的直流电，“逆变”成频率、幅值都可调的交流电。这是变频器实现变频的执行环节，是变频器的核心部分。常用的逆变管有绝缘栅双极晶体管（IGBT）、大功率晶体管（GTR）、可关断晶闸管（GTO）、功率晶体管（MOSFET）、集成门极换流晶闸管（IGCT）等。

2）续流二极管 VD7～VD12　续流二极管 VD7～VD12 的主要功能是：

① 电动机的绕组是感性的，其电流具有无功分量。续流二极管 VD7～VD12 为无功分量返回直流电源提供“通道”。

② 当频率下降、电动机处于再生制动状态时，再生电流将通过续流二极管 VD7～VD12 返回直流电源。

③ V1～V6 进行逆变的过程中，同一桥臂的两个逆变管，处于不停交替导通和截止状态。在交替导通和截止的换相过程中，需要续流二极管 VD7～VD12 提供通道。

3）缓冲电路　不同型号的变频器，缓冲电路的结构也不尽相同。图 5－15 是比较典型的一种。其功能如下：

逆变管 V1～V6 每次由导通状态切换成截止状态的关断瞬间，集电极和发射极间的电压 U_{CE}，由近乎 0 V 迅速上升至直流电压值 U_D。这过高的电压增长率将导致逆变管损坏。因此，C01～C06 的功能是降低 V1～V6 每次关断时的电压增长率。V1～V6 每次由截止状态切换成导通状态的瞬间，C01～C06 将向 V1～V6 放电。此放电电流的初始值是很大的，并将迭加到负载电流上，导致 V1～V6 损坏。因此，R01～R06 的功能是限制逆变管在接通瞬间 C01～C06 的放电电流。

由于 R01～R06 的接入，会影响 C01～C06 在 V1～V6 关断时降低电压增长率的效果，因此接入了 VD01～VD06。VD01～VD06 接入后，在 V1～V6 的关断过程中，使 R01～R06 不起作用；而在 V1～V6 的接通过程中，又迫使 C01～C06 的放电电流流经 R01～R06。

（3）制动电阻和制动单元

1）制动电阻 R_B　在电动机工作频率下降过程中，异步电动机的转子转速将超过此时的同步转速处于再生制动状态，拖动系统的动能要反馈到直流电路中，使直流电压 U_D 不断上升，电压太高，会对变频器的元器件造成损害。因此，必须将再生到直流电路的能量消耗掉，使 U_D 保持在允许范围内。制动电阻 R_B 就是用来消耗这部分能量的。

2）制动单元 V_B　制动单元 V_B 由大功率晶体管 GTR 及驱动电路构成。其功能是控制流经 R_B 的放电电流 I_B。

3. 控制系统构成及单元原理

图 5－16 所示为电压型逆变器频率开环调速系统结构图。其主回路交—直—交变频器由两个功率变换环节构成，即整流桥和逆变桥，它们分别有各自的控制回路。电压控制回路控制整流桥的输出直流电压大小，频率控制回路控制逆变桥的输出频率大小，使电动机定子得到变压变频的交流电。两个控制回路由一个转速给定环节控制。

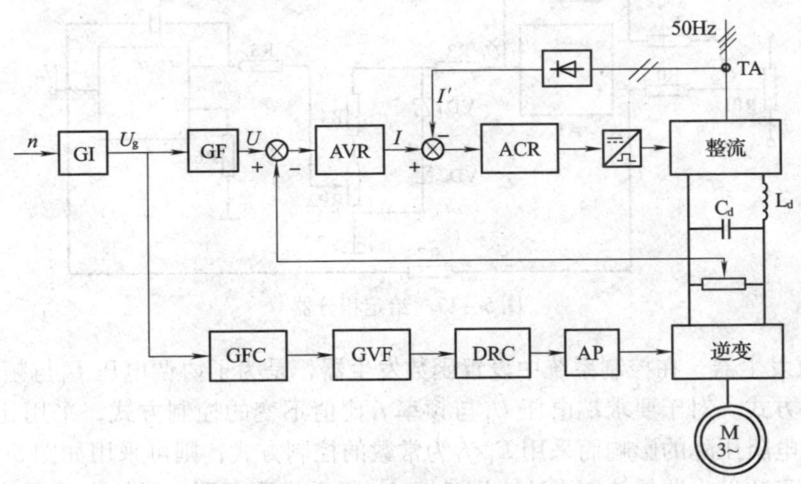

图 5－16　电压型逆变器频率开环调速系统结构图

GI—转速给定环节　GF—函数发生器　AVR—电压调节器　ACR—电流调节器

GFC—频率给定动态校正器　GVF—压频变换器　DRC—环形分配器　AP—脉冲放大器（脉冲输出）

电压控制采用相位控制，改变晶闸管控制角 α，即可控制整流桥的直流输出电压大小。

电压闭环保证实际电压与给定电压大小一致，同时又对前向通道上的扰动信号起抗扰作用。在电压调节器 AVR 前面设置函数发生器是为了协调电压与频率的关系，以实现前面讲过的控制方式。这里在额定频率以下实行 E_1/f_1 为常数的控制方式；额定频率以上实行近似恒功率控制方式。频率控制是通过压频变换器、环形分配器、脉冲输出等环节，控制逆变桥晶闸管的开关频率。下面介绍控制系统中主要控制单元的作用与原理。

（1）给定积分器　设置给定积分器，是为了将阶跃给定信号转变为斜坡信号，作用于整流和逆变回路，以消除阶跃对系统造成的过大冲击，使系统的电压、电流、逆变器输出频率及电动机的转速都稳步上升，提高系统的可靠性，也满足一些生产机械的工艺要求。系统要求给定积分器工作稳定可靠，斜坡的线性度好，能调节积分的上升和下降斜率。根据这些要求，由高放大倍数的比例器 A1 和线性度很好的积分器 A2，组成如图 5－17 所示的给定积分器。当电位器 RP1 给定一个正信号时，经电阻 R0 输入到 A1 的同相端，因为 A1 的放大倍数很大，所以其输出 U_1 立即上升到正饱和电压。经限幅分压后，加在 A2 的反相输入端，经电阻 R5 向电容器 C 充电，A2 输出负向线性增长的斜率电压，同时这个斜率信号经电阻 R7 反馈给 A1 的同相输入端，并与给定信号进行比较。在反馈信号的绝对值小于给定信号时，A1 的输出总是处于饱和状态，迫使 A2 继续积分，直到反馈量等于给定信号时，A1 的输入电压为零（反馈量略大于给定信号），A1 的输出退出饱和状态，并回到零点电位。A2 由于输入为零，而停止积分。各点电压变化情况如图 5－18 所示。t_1 和 t_2 时刻分别为给定信号减小和为零的情况。对于积分器 A2，积分时间常数 $\tau = R_5C$，当 R_5 和 C 一定时，调节电位器 RP2 即可调节积分斜率，从而调节系统中电动机的加、减速度。一般系统要求积分时间常数 τ 在1～50 s范围内可调。

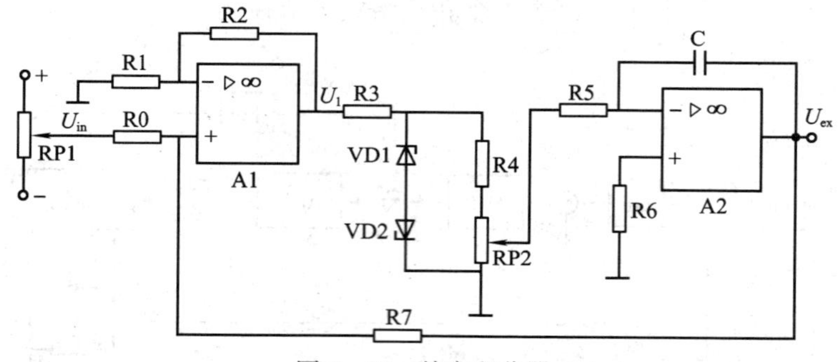

图 5－17　给定积分器

（2）函数发生器　在控制系统中设置函数发生器，是为了协调电压 U_1 与频率 f_1 的关系，实现各种控制方式。对于要求端电压 U_1 与频率 f_1 比值不变的控制方式，采用比例调节器即可。若考虑到电阻压降的影响而采用 E_1/f_1 为常数的控制方式，则可采用如图 5－19a 所示在补偿环节加入函数发生器的控制方法。图 5－19a 所示为原理图，设输入信号为正，输出信号为负，通过调节 RP1 和 RP2 可以得到如图 5－19b 所示的输入—输出特性。当输入信号为零时，只有负偏差信号加在运算放大器的反相输入端，输出为 A 点的值，可控整流桥处于待逆变状态，没有电压输出。随后 U_{in} 增大，U_{ex} 由负变正，整流桥进入整流状态。当 U_{in} 较小，流过 R1 中的电流较小，R1 上的分压值小于0. 7 V时，二极管 VD1 不导通，运算放大器的放

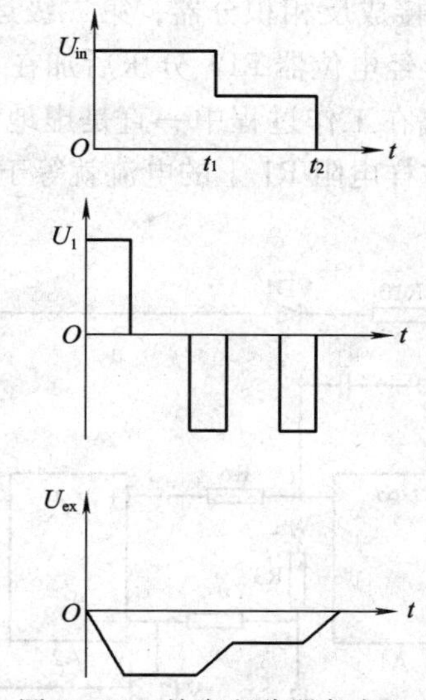

图 5－18 给定积分器各点电压

大倍数为 $(R_1+R_{P2})/R_0$，输入—输出特性是比较陡的 *AB* 段。在 *B* 点，R1 上的压降刚好等于0.7 V时，VD1 导通，R1 被短接，放大倍数减小为 R_{P2}/R_0，随着 U_{in} 的增加，得到斜率较小的 *BC* 段特性。*C* 点对应基频工作点。*C* 点以后，用运算放大器的限幅电路，保证 U_{ex} 不变，进入恒压调频的恒功率调速阶段。调节 RP2，可以调节 *BC* 段的斜率；调节 RP1 可改变 *A* 点位置。*B* 点为二极管 VD1 通断的分界点，这时函数发生器的输出电压 U_{exb} 为：

$$U_{exb}=-\left(\frac{0.7}{R_1}R_{P2}+0.7\right)$$

图 5－19b 中的虚线表示 U_1/f_1 为常数控制方式的函数发生器输入—输出特性。

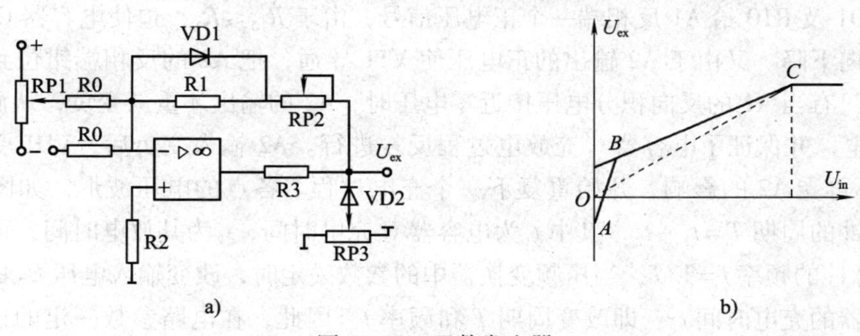

图 5－19 函数发生器

a）原理图 b）输入—输出特性

（3）压频变换器 压频变换器是把电压信号转换为相应频率的脉冲信号。系统对压频变换器的要求是：在频率控制范围内有良好的线性度，有较好的频率稳定性，能方便地通过调节电路的某些参数来改变频率范围。另外，更重要的是，当逆变器输出的最高频率为 f_{max} 时，要求它输出的最高频率为 $6f_{max}$。

压频变换器的原理图如图 5－20 所示。这是一种在比较宽的范围内具有较高线性度的压频变换器。第一级运算放大器 A1 接成反相积分器，第二级运算放大器 A2 接成同相电压比较器。当输入一个负电压信号时，经电位器 RP1 分压后加在 A1 的反相输入端。由于 A1 的开环放大倍数很大，其反相输入端在工作过程中一直是虚地。又因为 A1 的输入阻抗很高，输入电流很小，可以忽略不计，这样电阻 R1 上的电流就等于积分电容器 C 的充电电流。当输入信号不变时，充电电流不变。

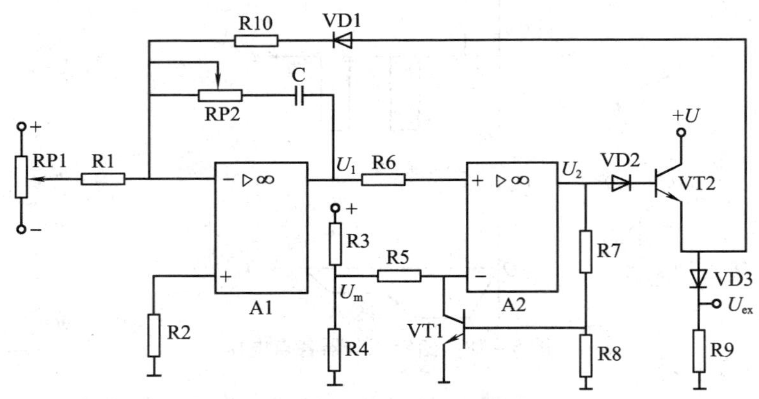

图 5－20　压频变换器原理图

随着 C 的充电，A1 的输出电压将线性增加。如果没有后面的运算放大器 A2，A1 的输出将增加到正饱和电压。实际上由于 A2 的存在，A1 的输出只增加到某一个预定的电压就立即放电，然后重复下一个充、放电周期。A2 的反相端接在正电源经 R3，R4 的分压点上，其电压值为 U_m。A2 的同相端接 A1 的输出端。当 A2 同相端的输入电压低于 U_m时，其输出为负饱和值，晶体管 VT1 和 VT2 基极受负偏压而截止。当同相输入端电压增大到大于 U_m的瞬间，其输出翻转为正饱和值，使 VT2 导通，VT2 的发射极输出正极性的时钟脉冲。同时，由二极管 VD1 及 R10 给 A1 反相端一个正电压信号，由于 $R_{10} \leqslant R_1$，迫使电容器 C 放电，A1 输出电压反向下降。又由于 A2 输出的正电压使 VT1 导通，把 A2 的反相端钳位到接近零电压。这样，只有当 A1 的反向积分电压接近零电压时，A2 的输出才重新变负，从而使电容器 C 能充分放电，并保证了电容器 C 充放电过程反复进行。A2 输入变负后，VD1 受负偏压而关断，A1 不再受 A2 的影响，开始重复下一个充电过程。各点的电压波形，如图 5－21 所示。可见脉冲的周期 $T = t_1 + t_2$，其中 t_1为电容器 C 充电时间，t_2为其放电时间，而且从数值看 $t_2 \leqslant t_1$。脉冲的频率 $f = 1/T$，当压频变换器中的参数一定时，改变输入电压 U_n的大小，可以改变电容器的充电时间 t_1，即改变周期 T 和频率 f。因此，在电路参数一定的情况下，压频变换器输出的脉冲频率与其输入电压信号成正比。这样就实现了电压信号和它所对应的频率信号之间的转换。

现在有许多压频变换器集成电路芯片可供选择，例如，通用 TTL 电路中的 74LS324/325/625/627/628/629 等。

（4）环形分配器　环形分配器的作用是将压频变换器输出的时钟脉冲，6 个一组依次分配给逆变器的 6 个开关元件，简称六分频。而环形分配器就是六分频环形计数器。它的电路形式很多，这里以图 5－22 所示的用 D 触发器组成的环形分配器为例说明其工作原理。从

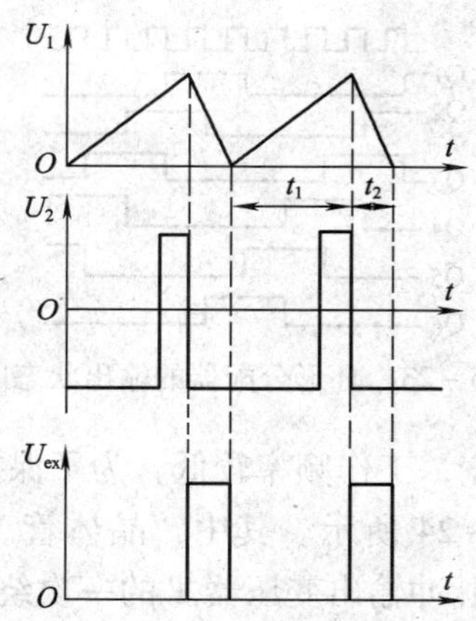

图 5－21　压频变换器各点的电压波形

图中可以看出，前两个 D 触发器的 S 端置零，后四个 D 触发器的 R 端置零。D 触发器的状态激励表见表 5－2，它表示的是 D 触发器的 Q_{N+1} 状态与 D 端输入状态以及现在状态 Q_N 的关系。

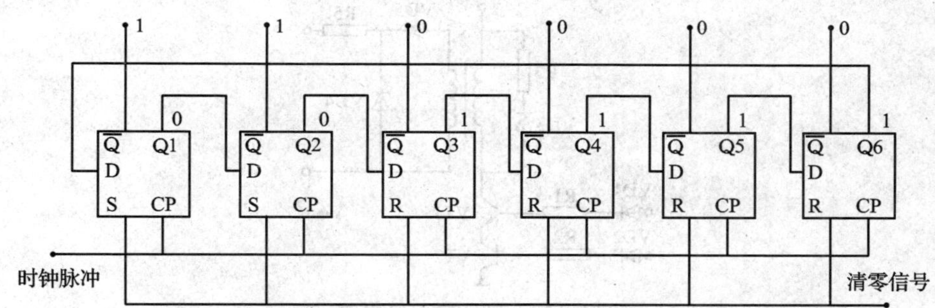

图 5－22　环形分配器原理图

表 5－2　　D 触发器的状态激励表

D 端输入状态	Q_N	Q_{N+1}
1	0	1
0	0	0
1	1	1
0	1	0

当第一个脉冲信号前沿到来时，第一个和第三个 D 触发器要翻转，以此类推，每隔 60°就有两个 D 触发器转换，可以得到环形分配器的输出状态，如图 5－23 所示，即得到宽 120°、间隔 60°的六路输出脉冲。同理，如将相邻的三个 D 触发器 S 端置零，就可以得到宽 180°、间隔 60°的六路输出脉冲，以满足 120°导通型和 180°导通型逆变器的需要。这种电路具有简单可靠、抗干扰能力强、功耗小等优点。其中的 D 触发器可以选用现成的集成电路芯片，如 CMOS 电路中的 CD4013，4017 和 40175 等，TTL 电路中的 74LS174 和 74LS175 等。

（5）脉冲输出级　脉冲输出级是将来自环形分配器的信号功率，放大到足以可靠触发

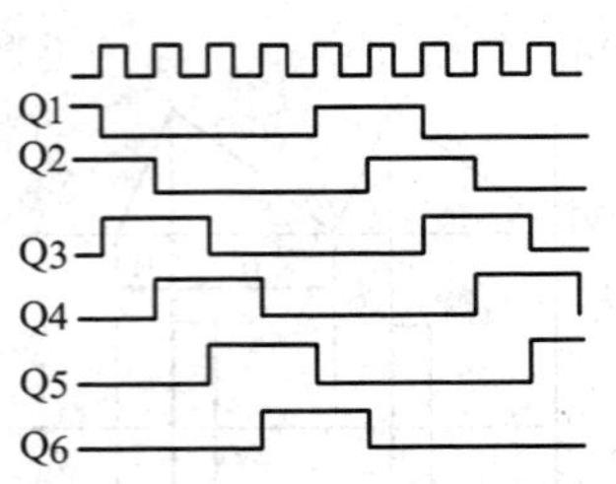

图 5－23　环形分配器的输出状态图

逆变器元件的程度。由于脉冲较宽，工作频率较低，为了保持较陡的脉冲前沿和平坦的脉冲波顶，一般采用调制式，如图 5－24 所示。其中，晶体管 VT1 由方波发生器控制其通断。晶体管 VT2 由环形分配器控制。脉冲输出变压器 T 的一次绕组在 120°（或 180°）时间内间断通电，承受由方波发生器频率调制的跳变电压（数值在0～15 V之间）。二次绕组输出信号经过半波整流后，送至逆变器相应的晶闸管门极。由于 120°（或 180°）宽的脉冲信号经过了高频调制，再加到脉冲输出变压器的一次侧，所以即使在逆变器频率很低的情况下，仍可保证脉冲波形顶部平坦。同时还可以减小脉冲输出变压器的体积。

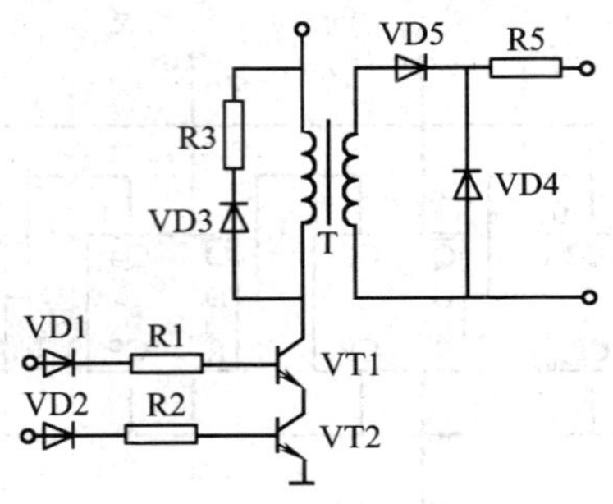

图 5－24　脉冲输出级电路

在分析完主要控制单元原理之后，再来分析系统的工作过程。由给定电位器给出一个电压值时（对应一个输出频率 f_1），经函数发生器补偿，输出一个与给定频率对应的电压给定值。由于通过函数发生器实行 E_1/f_1 为常数的控制方式，所以能保证磁通恒定。电压给定值经电压调节器和电压闭环，使主回路得到与给定电压大小相符的电压 U_1。同时，频率给定信号经压频变换器得到 6 倍于给定频率的脉冲信号，再经过环形分配器分配给脉冲输出级，最后送给逆变器的晶闸管发出对应频率 f_1 的触发脉冲，使电动机运行于与 f_1 对应的转速上。如果给定信号逐渐加大，则电动机逐渐加速，直至所需要的转速。该系统结构简单，适用于对调速性能要求不高，而且不要求快速制动和反转的场合。

二、交—直—交电流型逆变器的频率开环调速系统

电流型逆变器的频率开环调速系统原理图，如图 5－25 所示。电流型逆变器的特点是中间环节采用电抗器滤波。因此，逆变器输出电流为矩形波，输出电压接近于正弦波，而且可以实现回馈制动。在电动状态运行时，电动机定子电压频率，即逆变器输出频率大于异步电动机旋转频率，电动机转速小于旋转磁场转速，转差率在0～1 之间，功率因数角 $\varphi < 90°$，$\cos\varphi > 0$，逆变器工作在逆变状态，整流器工作在整流状态。当逆变器输出频率突然降低，使定子频率小于电动机旋转频率时，电动机的转速大于旋转磁场转速，$S<0$，$\varphi>90°$，$\cos\varphi<0$，电动机运行于回馈制动状态，逆变器直流侧电压反向，逆变桥工作于整流状态，整流器工作于逆变状态，把电动机的机械能转变为电能，回送给交流电网。

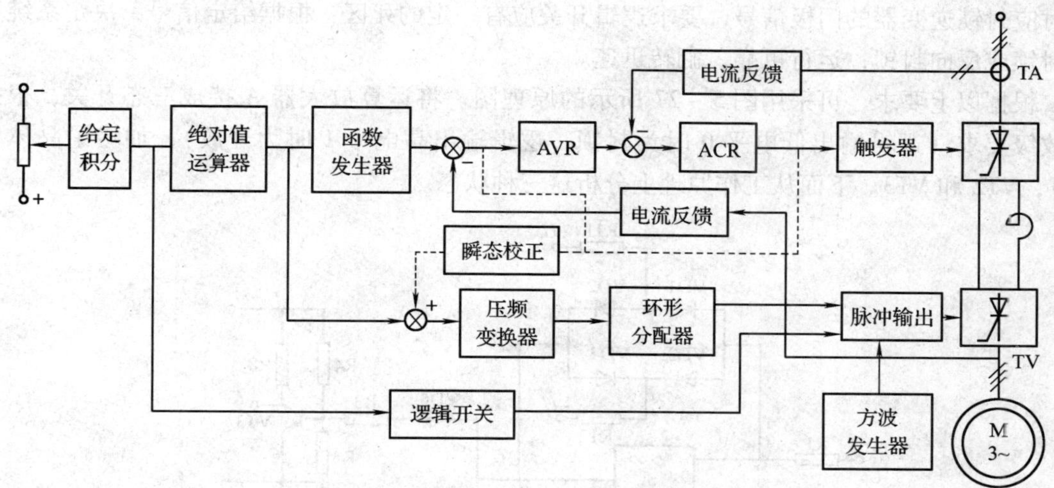

图 5－25　电流型逆变器的频率开环调速系统原理图

比较图 5－25 和图 5－16，可以发现两个系统有相似之处，但也有不同之处。除主回路中间环节不同外，为适应可逆运行的要求，图 5－25 中还增加了绝对值运算器和逻辑开关，在电压环内增加了电流环。另外，还设置了瞬态校正环节。

1. 绝对值运算器

绝对值运算器是将正、负极性的输入信号变为单一极性的输出信号，但大小不变。其原理图如图 5－26a 所示。取 $R_1=R_3$，将运算放大器接成 1:1 的反相比例器。当输入信号为正时，经 VD2 直接输出正信号，此时 VD1 关断；当输入信号为负时，VD2 关断，经 VD1 输出正信号。在忽略二极管的正向管压降时，其输入—输出特性如图 5－26b 所示。

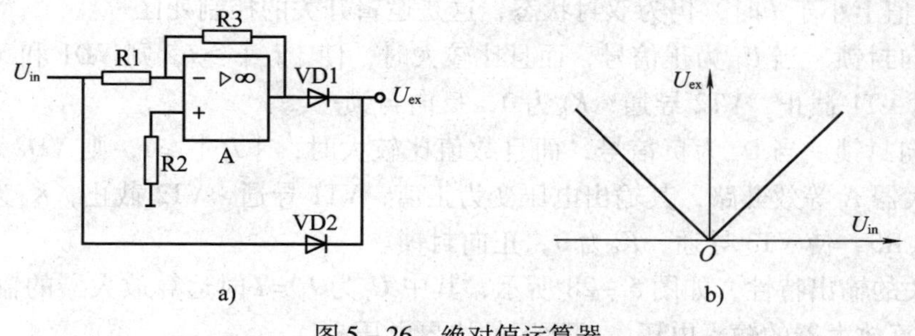

图 5－26　绝对值运算器

a）原理图　b）输入—输出特性

在该系统中，电流反馈和电压反馈都是反映反馈量的大小而不反映它的极性，而给定信号在正、反转时，有正、负极性变化。为使两个信号在正、反转时均为相减的关系，必须设置绝对值运算器。压频变换器需要极性不变的输入信号，所以也取自绝对值运算器的输出端。

2. 逻辑开关

可逆系统对逻辑开关的要求是：逆变器在输出最低频率 f_{min} 以下时，不应输出电压，即此时应封锁逆变器的门极信号，要求逻辑开关应有一定的死区；根据给定信号，决定系统正向封锁或反向封锁；运行可靠，翻转迅速。

根据以上要求，可采用图 5－27 所示的原理图。将运算放大器 A 接成三态开关，根据功放级要求（逻辑输出低电平 0 时为封锁，逻辑输出高电平 1 时为开放），加接了晶体管 VT1，VT2 和 VT3。下面从工作原理上分析这三种状态。

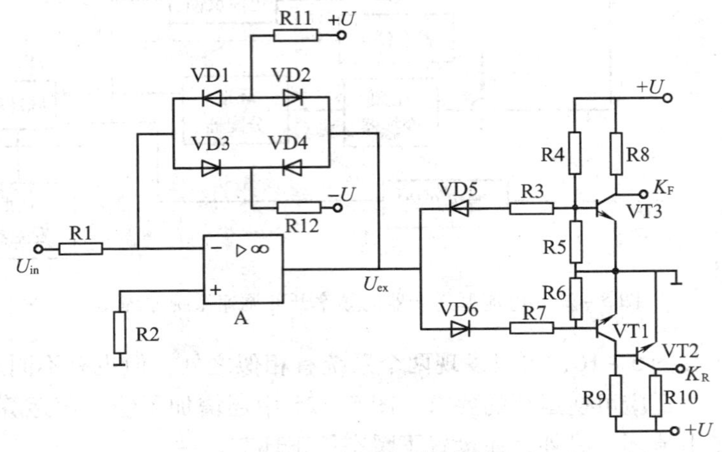

图 5－27　逻辑开关原理图

（1）双封状态　当 $U_{in}=0$ 时，流过电阻 R11 上的电流 $I=(U-U_D)/R_{11}$，其中 U_D 为二极管压降。这时四只二极管 VD1～VD4 均导通，运算放大器 A 的输入输出短接，其输出电压 $U_{ex}=0$，通过合理选择 R4 和 R5，可使 VT3 导通，K_F 为 0，同时因为没有基极电流，VT1 截止，而 VT2 导通，K_R 为 0，即双封状态。在 U_{in} 为正负较小的信号时，R1 上的电流 $I_1=U_{in}/R_1$，在数值上小于 I 时，仍为双封状态，这是逻辑开关的控制死区。

（2）反向封锁　当 U_{in} 为正信号，而且比较大时，使 $|I_1|\geqslant I$，则 VD1 和 VD4 将截止，K_F 为 1，同时 VT1 截止，VT2 导通，K_R 为 0，反向封锁。

（3）正向封锁　当 U_{in} 为负信号，而且数值比较大时，$|I_1|\geqslant I$，则 VD2 和 VD3 将截止，运算放大器 A 等效开路，其输出电压变为正值，VT1 导通，VT2 截止，K_R 为 1，由于合理选择 R4 和 R5，使 VT3 导通，K_F 为 0，正向封锁。

逻辑开关的输出特性，如图 5－28 所示，其中 U_g 为 $I_1=I$ 时运算放大器的输出电压；U_s 为 $I_1=I$ 时运算放大器的输入电压，即死区的边界电压。

3. 瞬态校正环节

设置瞬态校正环节是为了在瞬态（动态）过程中，使系统仍基本保持某种控制规律，在此系统中是为了保持 $E_1/f_1=$ 常数。由于电压控制回路为闭环，而频率控制回路为开环，在有负载扰动、电网电压波动等因素时，容易使系统工作不稳定。例如，在负载扰动下，电流内环响应较快，引起电压波动，由电压闭环进行自动调节。但是，只要给定电压不变，频率就始终不变。在负载扰动下，输出电压 U_1 将反复变化，而输出频率并不随着电压变化，使得在动态时不能保持 E_1/f_1 = 常数，磁场将产生过励和欠励不断交替的情况，使得电动机转矩波动，以至电动机转速波动，造成系统工作不稳定。为了避免上述情况的发生，可加入瞬态校正调节器，进行瞬态补偿调节。

图 5－29 所示为瞬态校正器的原理图，采用微分校正电路，以获得超前校正作用。它的输入信号有两种取法：一是取电流调节器的输出信号；二是取电压调节器输入的给定电压与反馈电压的差值。这两种方法均可得到近似的补偿。系统进入稳态后，该环节就不再起作用了。

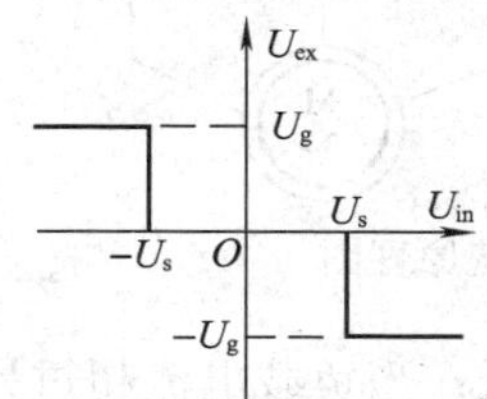

图 5－28　逻辑开关输出特性图

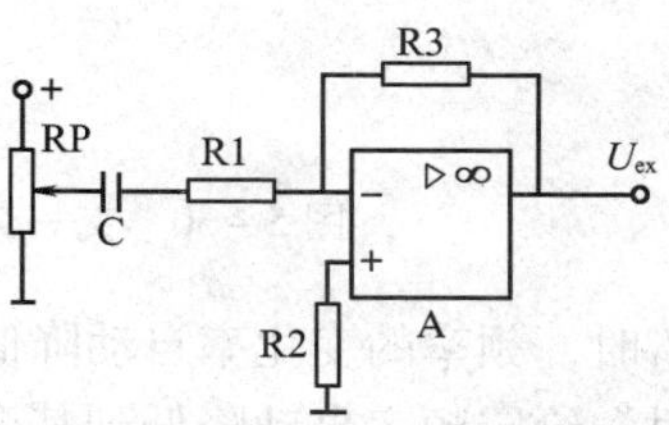

图 5－29　瞬态校正器原理图

另外，系统中增设了电流内环，使电压调节器的输出为电流调节器的给定，从而在电压调节器输出限幅值时，系统主回路的电流达到最大值，能够抑制故障电流，增加系统可靠性。在动态过程中，还可以保证恒流加速或减速。

三、交—交变频器的频率开环调速系统

交—交变频器是将电压、频率恒定的三相交流电源，直接变成电压、频率可调的三相交流电源，供给交流电动机。由于恒压恒频电源本身具有电压源性质，所以在不加滤波装置的情况下，变频器就是电压型的。如果在直接变频器电路中人为串入大电感值的电抗器滤波，则变频器具有电流源性质，称为电流型的变频器。

这里只介绍一种电压型的交—交变频器频率开环调速系统，其原理图如图 5－30 所示。功率变换部分是三组三相桥式反并联的桥式整流器，借助电源电压换流。对每一组连续地改变控制角 α，可以使输出电压从正向最大值到反向最大值之间连续变化。由于采用电压负反馈，可以使输出电压跟随给定电压变化。采用反并联的整流桥，能够提供正向和反向电流，本身具有回馈制动能力。

当给定器给出一个频率给定信号 U_f^*，经模/数转换器 A/D，输入计算机，根据 U_f^* 大小，按照某种控制规律，如 E_1/f_1 = 常数等，算出对应的电压给定值后，输出三个相位差为 120°、幅值和频率分别与频率给定信号和电压给定信号相同的正弦交流电压信号，经数/模转换器 D/A，作为三个电压调节器 AVR 的电压给定信号 U_1^*。这样，当电压给定信号以一定频率和幅值周期性变化时，变频器输出端就向电动机提供与其对应的交流电压，其电压大小与信号电压成比例，其频率与信号频率相同。改变给定信号大小，即可使电动机得到变压变频的交流电源。

另外，为了限制升降速电流，计算机的输出频率按一定的速率变化，当负载电流超过某

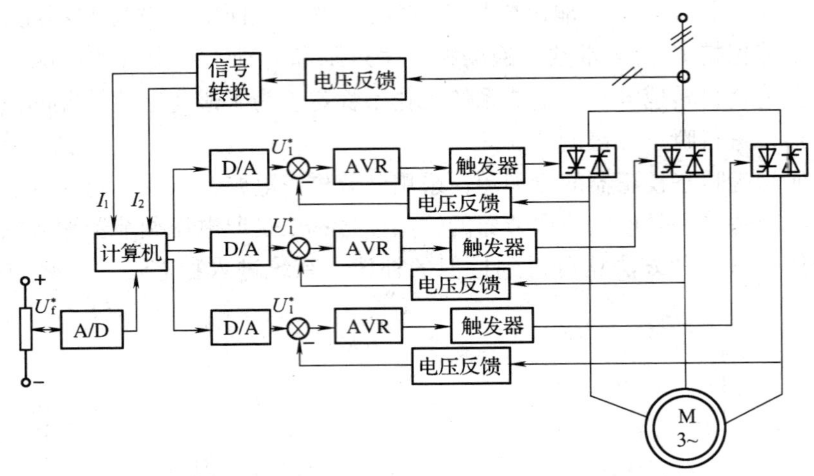

图 5-30　交—交变频器的频率开环调速系统原理图

一给定值 I_1 时，频率的变化率自动降低，使动态电流相应降低；当负载电流超过另一更大的给定值 I_2 时，给定频率自动降低到某个规定频率或使系统停车。

四、应注意的问题

1. 电动机加减速时间的确定

对于转速开环的交流调速系统，启动时，如果逆变器输出电压与频率变化太快，将会使电动机的转差率 S 加大。加大到 $S>S_m$ 后，电磁转矩反而减小，使启动时间增加，甚至使电动机堵转。在图 5-31 中，以加速为例，启动时，如果使逆变器的频率从 f_1 突增至 f_3，对应电压也相应协调上升，在改变频率瞬间，电动机的电磁转矩将从 T_A 变为 T_B，而 $T_B<T_A$，从而使电动机加速度下降，如果 T_B 小于负载转矩，电动机不但不能加速，反而减速，最终堵转。如果使逆变器输出频率从 f_1 变到 f_2，则在改变频率瞬间，电动机的电磁转矩从 T_A 变到 T_C，由于 $T_C>T_A$，电动机的加速度增大。由此可以看出，在实际工作中，应根据负载转矩大小和系统转动惯量大小等实际情况，确定最佳加减速时间。主要是调节给定积分器的时间常数。

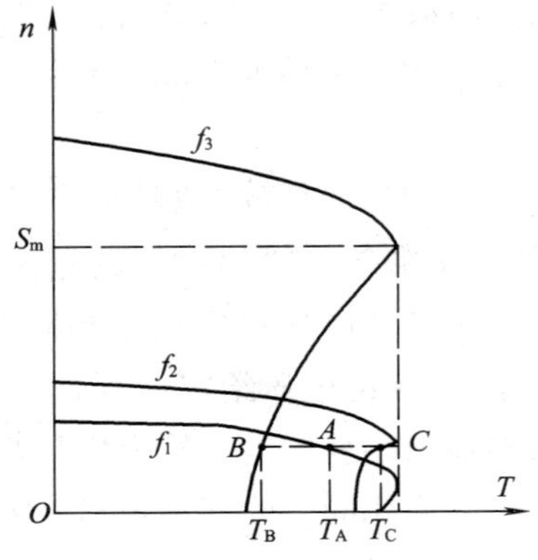

图 5-31　电动机的加速情况

从以上分析可以看出，在转速开环的变频调速系统中，给定积分器的作用是很重要的。

2. 机械特性

从理论上分析，只要采用 E_1/f_1 = 常数的控制方式，即使低频时也可以有系统所允许的最大转矩。但是，实际上在低频时能得到的最大转矩，往往要小于额定频率时的最大转矩，故在低频重载时，容易出现启动困难的情况。所以这种系统只适用于风机类负载。

3. 高次谐波的影响

由于逆变器输出电压或电流中有较多的高次谐波分量，增加了电动机内部的损耗。谐波损耗的增大将使电动机的温升比电源为标准正弦波时增加许多，因此，在为转速开环变频调速系统选电动机时，应适当加大电动机容量，或给电动机专设冷却设备。

另外，这些高次谐波分量也将产生一些噪声，特别是当系统主回路中某些元件质量不高时，这种现象可能会更严重。

§5－4　异步电动机转差频率控制系统

转速开环的变频调速系统，虽然比较简单，但是，调速精度差，机械特性软，动态性能也不够理想，又不可升速太快。因此，只适用于对调速精度和动态性能要求不高的场合，如风机、水泵等。

如果要求调速系统具有较高的稳态精度和动态性能，就要采用转速闭环的变频调速系统。由电力拖动系统的运动式：

$$T - T_L = \frac{GD^2}{375}\frac{dn}{dt} \tag{5-3}$$

可知，对于一个电力拖动系统，转速的控制是通过对电动机转矩 T 的控制来实现的。直流双闭环系统具有优良的静动态性能，正是因为直流电动机转矩容易控制，只要调节电枢电流，就可以控制电动机的转矩。也就是说，控制系统对转矩的控制能力，可以决定系统静动态性能的好坏。按照这一思路，提出了转差频率控制方式。

一、转差频率控制的基本原理

1. 转差频率控制的基本原理

异步电动机的电磁转矩 T 可表示为：

$$T = C_M \Phi_m I_2' \cos\varphi_2 \tag{5-4}$$

即电磁转矩与气隙磁通、转子电流及转子回路的功率因数有关，而这些量都不是独立变量，又难于直接检测与控制，这也就是异步电动机转矩难于控制的原因。因此，如果不解决异步电动机转矩的控制问题，即使采用转速闭环，动态特性仍无法改善。

考虑到正常运行时，$\cos\varphi_2 \approx 1$，同时转差率 S 很小，可以得到：

$$T \propto \Phi_m^2 \omega_s \tag{5-5}$$

由公式（5－5）可知，当 Φ_m 为常数时，异步电动机转矩和转差角频率 ω_s（或转差频率 f_2）成正比。因此，在磁通 Φ_m 恒定的条件下，控制转差角频率 ω_s（或 f_2），也就控制了转矩，这就是转差频率控制的基本思想。

2. 转差频率控制的规律

上面粗略分析了在恒磁通条件下，转矩与转差角频率近似成正比关系。由 T 与 ω_s 的确切函数关系式，可以画出在 Φ_m = 常数时的 $T=f(\omega_s)$ 曲线，如图 5－32 所示。

由图可见，在 ω_s 较小时，$T\propto\omega_s$，当 $\omega_s>\omega_{smax}$ 后，T 反而下降，为不稳定运行区。所以在工作过程中，应保持电动机的转差角频率 $\omega_s<\omega_{smax}$。在控制系统中，只要对 ω_s 的控制信号进行限幅即可保证。此外，在电动机参数不变时，T_{max} 只由 Φ_m 决定，ω_{smax} 与 Φ_m 无关。

由以上分析可以看出，与直流电动机调速系统用控制电枢电流来控制转矩一样，对异步电动机，只要能保持磁通 Φ_m 恒定，也可用转差角频率 ω_s 来独立控制转矩 T，其先决条件是 Φ_m 恒定。保持 Φ_m 恒定的方法，一种是根据图 5－1 协调 U_1 与 f_1 的关系，只要维持这一关系就可以保持 Φ_m 恒定。据此设计的转差频率控制的变频调速系统可以用电压型逆变器，也可以用电流型逆变器，但要增加一个电流调节内环。这方面的控制方案很多，不一一列举。另一种是利用电流型逆变器的控制方案，通过维持定子电流 I_1 和转差频率 ω_s 的协调关系，来保持 Φ_m 恒定。异步电动机的磁通 Φ_m 是由励磁电流 I_0 决定的，只要 I_0 不变，则 Φ_m 就为常数。

因此，当利用转差角频率 ω_s 控制转矩时，应使定子电流 I_1 与 ω_s 按一定关系进行变化，这样就能使 I_0 不变，而满足 Φ_m 恒定的先决条件。I_1 与 ω_s 的关系曲线，如图 5－33 所示。

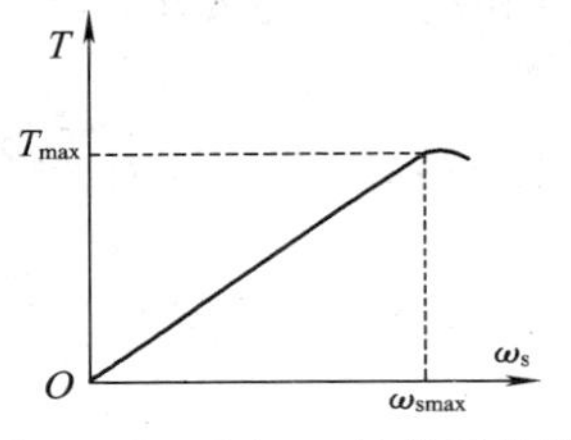

图 5－32　T 与 ω_s 的关系曲线

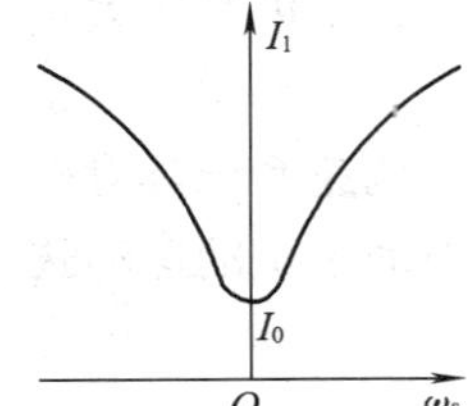

图 5－33　I_1 与 ω_s 的关系曲线

由图 5－33 可以看出，$I_1=f(\omega_s)$ 曲线是左右对称的。当 $\omega_s=0$ 时，$I_1=I_0$。若 ω_s 增大，I_1 也随之增大，这和异步电动机的工作原理是相对应的。

综上所述，转差频率的控制规律为：

（1）在 $\omega_s<\omega_{smax}$ 范围内，保持 Φ_m 为常数，则转矩 T 与 ω_s 成正比。

（2）按图 5－33 所示的 $I_1=f(\omega_s)$ 曲线，控制定子电流 I_1，就能保持 Φ_m 恒定。

二、异步电动机转差频率控制的变频调速系统

为了实现上述控制规律，转差频率控制的变频调速系统原理图，如图 5－34 所示。

系统采用了电流型逆变器，这是转差频率控制系统的特点之一。因为保持磁通 Φ_m 恒定是由保持励磁电流恒定来实现的。采用电流型逆变器时，对电流的控制更为直接，可以使电流的动态响应更快，对提高系统的动态性能有利，而且也便于实现回馈制动。

系统的另一个特点是定子频率给定信号 ω_0^* 不是由转速调节器 ASR 的输出直接得到的，而是将转速调节器的输出与速度反馈电压信号 ω 相加后得到 ω_0^*，转速调节器的输出则代表转差频率的给定信号 ω_s^*。根据控制规律可知，ω_s^* 就代表转矩给定，体现出控制转差角频率 ω_s 以控制转矩的目的，这是系统的最大特点。只要调整得合理准确，就可以使转速调节器的

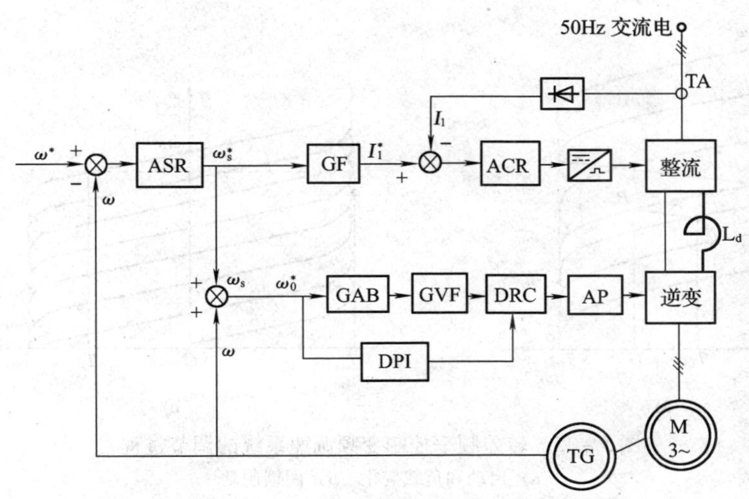

图 5－34 转差频率控制的变频调速系统原理图

限幅输出值，即转差角频率 ω_s 的最大给定值对应电动机转矩的最大值，从而在快速启、制动过程中，可以始终保持最大转矩。并且由于逆变器输出频率 f_1，是由电动机实际旋转角频率 ω 与给定转差角频率 ω_s^* 相加而得，ω_s 又被限制在最大转差角频率之内，所以在任何时间、任何状态下，电动机都工作在机械特性的线性段（对应 $0 \leqslant S \leqslant S_m$）。另外，随着转差角频率 ω_s 的变化，自动调节定子电流的大小，以维持 I_0（Φ_m）恒定。同时由于采用了转速闭环，而且一般用比例积分（PI）调节器，系统可以做到稳态无静差。下面分析系统工作原理。

1. 启动过程（理想空载情况）

在给定一个转速给定信号 ω^* 瞬间，由于电动机的机械惯性，电动机转速为零，$\omega=0$，转速调节器 ASR 的输入偏差信号很大，其输出迅速达到限幅值，使转差角频率 $\omega_s=\omega_{smax}$，由图 5－32 可以看出，此时系统具有最大转矩 T_{max}。一方面，经函数发生器给出对应 ω_{smax} 的定子电流 I_1 的给定值 I_1^*，维持电动机的磁通 Φ_m = 常数；另一方面，压频变换器的输入端，从绝对值运算器的输出端得到给定信号，转换成 $6f_1$ 的脉冲列，经环形分配器输出后，产生此时异步电动机的同步旋转磁场，电动机开始转动。随着电动机转速的上升，其旋转角频率 ω 上升，但只要 $\omega<\omega^*$，转速调节器就一直饱和，转速环处于开环状态。ASR 的输出始终为限幅值，即电动机的转矩始终为最大值 T_{max}，而且通过电流环，使电动机定子电流 I_1 始终跟随给定值，确保转速过渡过程中 Φ_m 恒定，于是电动机在最大转矩下加速。同时随着 ω 的上升，$\omega_0=\omega_{smax}+\omega$ 也不断上升，对应压频变换器输出的频率增高，电动机旋转磁场的转速增加，电动机转速上升，但是因为 ω_s 始终为最大值，所以 $T=T_{max}$，电动机沿着 T_{max} 的特性曲线启动，转速上升很快。当 ω 上升到 ω^* 且略有超调时，ASR 进入非饱和状态，ω_s 从 ω_{smax} 下降到 $\omega_s=0$，对应 $I_1=I_0$，经过转速环的调节，使电动机稳定运行于 $\omega=\omega^*$。启动过程的静态特性，如图 5－35a 所示，路径为 $a \to b \to c$。

2. 负载变化

设原来负载转矩为 T_{L1}，运行于图 5－35a 的 A 点。如果负载转矩突然增大到 T_{L2}，则由

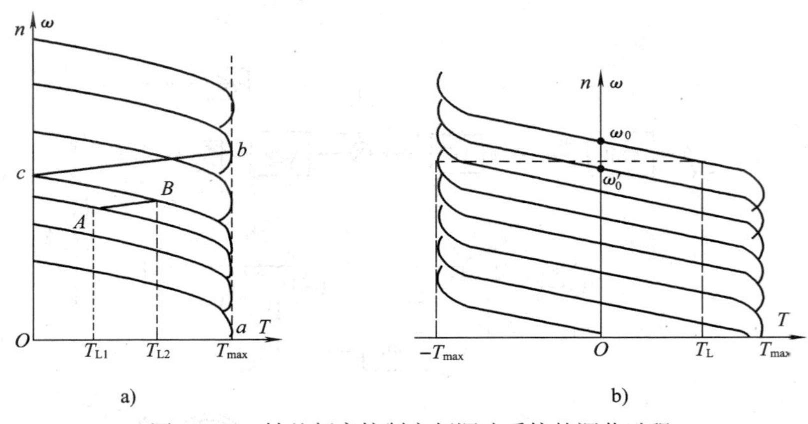

图 5-35　转差频率控制变频调速系统的调节过程

a）启动和负载变化　b）回馈制动

于电动机转矩小于负载转矩，使转速降低，$\omega<\omega^*$，转速调节器 ASR 输出开始上升，直到 $\omega_s=\omega_{smax}$，使 $T=T_{max}$，电动机很快升速，同时经函数发生器产生对应于 ω_s 的定子电流 I_1，而保持 Φ_m 恒定。当转速恢复到原值时，ASR 反向积分，使其输出由 ω_{smax} 降至与负载相对应的数值，在 B 点进入稳态。

3. 回馈制动

如果给定信号突然减小到零，由于转速不能突变，转速调节器的输入极性改变，使其反向积分，直到负限幅值 $-\omega_{smax}$，电动机转矩为 $-T_{max}$，旋转磁场的角频率从 ω_0 变为 ω_0'，如图 5-35b 所示。由于 $\omega_0>\omega_0'$，$S<0$，电动机运行于回馈制动状态，而且只要 $\omega>0$，转速调节器输出就一直为负限幅值，电动机就在 $-T_{max}$ 作用下很快减速，直至 $\omega=|-\omega_{smax}|$ 后，ASR 退出饱和状态，经过转速调节，使系统停车。

4. 反转过程

反转过程即为回馈制动加上反向启动过程，这里不再赘述。

三、转差频率控制变频调速系统存在的问题

1. 很难确保气隙磁通 Φ_m 恒定

Φ_m 是通过函数发生器保证的，而函数发生器是根据图 5-33 中 I_1 与 ω_s 的函数关系设计的。由于该函数关系中有转子电阻 r_2 和转子漏感 L_2，转子电阻 r_2 受温度影响很大，而 L_2 受磁饱和程度的影响，在实际运行中，r_2 和 L_2 都不是一成不变的，因此，很难保证气隙磁通 Φ_m 恒定。

另外，研究转差频率控制规律时，都是基于静态关系式，这样就不能保证在动态过程中 Φ_m 恒定。

2. 转速的检测误差使系统特性偏离理想情况

系统的控制作用由转差角频率 ω_s 决定，而 ω_s 难于直接测量，一般是检测 ω_0。如果用测速发电机检测 ω，误差一般为额定转速的1%～3%。由于 ω_s 比 ω 小得多，ω 不大的误差会引起 ω_s 很大的误差。例如，在额定运行情况下，一般 $\omega_s<0.06\omega$，如果认为 $\omega_s=0.05\omega$，并假

设 ω 有 1% 的检测误差，即转差频率的给定值与实际值间的差值为 $|\omega-\omega^*|=0.01\omega$，而该误差的相对值 $|\omega-\omega^*|/(0.05\omega)=20\%$。由于函数发生器是根据 ASR 的给定输出对应于 ω_s 的定子电流 I_1 的给定值，因此，实际的 ω_s 与 I_1 并不满足理论上所得的关系，致使 Φ_m 不为设定值。在动态中，就不能保持 T_{max} 不变，系统的快速性受到影响。反之，则使 I_0 增大，铁损增加，电动机发热严重。由此可见，在转差频率控制的变频调速系统中，对测速精度的要求更高。

为了解决这一问题，可以采用数字检测。还可以采用电子线路，通过其他电量来间接求出电动机实际转差角频率。在忽略电动机损耗的条件下，电磁功率可以近似用直流侧的电压 U_d 和电流 I_d 的乘积表示，因此，电磁转矩可表示为 $T=U_dI_d/\omega_0$，当 Φ_m = 常数时，$T\propto\omega_s$，所以有：

$$U_dI_d/\omega_0 \propto \omega_s$$

据此可组成图 5－36 所示的线路图，且有：

$$U_0=\frac{U_dI_d}{\omega_0}=K\omega_s$$

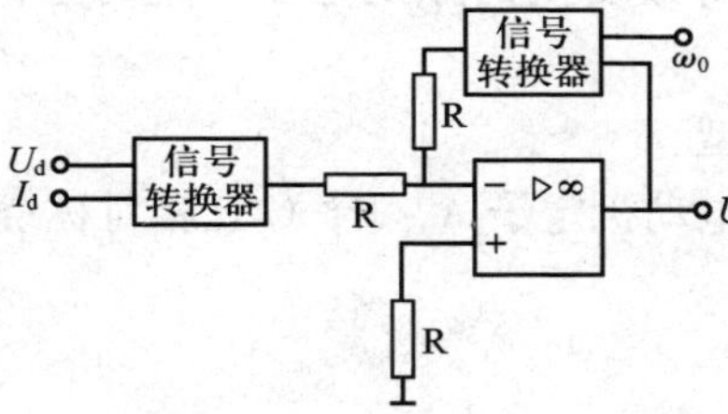

图 5－36　检测环节线路图

虽然这样的检测环节仍有一些误差，但比前一种转差频率控制方式的精度高得多。该控制系统在实际运行时，可能动态特性欠佳，应加入积分调节器，以改善动态特性。

尽管该系统存在上述问题，但比一般变频调速系统有所改进，由单纯保持 Φ_m 恒定发展到能对转矩进行控制，使动、静态特性大为提高，在很多实际应用场合均能够满足要求。转差频率控制方式的主回路形式可以不同，但其控制思想是一致的，因此，不再一一介绍。

§5－5 异步电动机矢量控制变频调速系统

在异步电动机转差频率闭环控制的变频调速系统中，由于解决了交流异步电动机电磁转矩的控制问题，使得调速系统的动态性能得到提高。但是，转差频率控制的线性范围是有限的，它的特性是在静态的情况下推导出来的，而没有考虑动态时所受的影响。因此，保持气隙磁通 Φ_m 恒定这一要求，也只有在静态下才能得以实现；而在动态时，磁通 Φ_m 就不会保持恒定，交流电动机的电磁转矩就会发生变化，因而导致电动机的转速改变。

一、基本概念

任何的电力拖动控制系统都应服从基本运动方程式：

$$T - T_L = \frac{J}{P}\frac{\Delta\omega}{\Delta t}$$

由方程式可知，当负载转矩 T_L扰动时，若能使电动机的电磁转矩 T 很快跟随，使它与 T_L之差值保持常值，就能控制转速的变化率$\frac{\Delta\omega}{\Delta t}$，也就能控制系统的动态性能。所以调速系统的动态特性取决于电动机电磁转矩的控制能力。而直流电动机的电磁转矩为：

$$T = C_M \Phi I_a$$

由上式可以看出，当电动机的励磁电流不变时，即磁通 Φ 不变，电磁转矩 T 与电枢电流 I_a成正比，也就是说控制 I_a就可以控制电磁转矩 T。所以在直流电动机中良好的动态特性是容易实现的。

直流电动机的磁通 Φ 和电枢电流 I_a可以独立进行控制，是一种典型的解耦控制，异步电动机的矢量控制就是仿照直流电动机的控制方式，把定子电流的磁场分量和转矩分量解耦开来，分别加以控制。这种解耦，实际上是把异步电动机的物理模型设法等效地变换成类似于直流电动机的模式，使交流电动机得到和直流电动机一样优良的动态调速性能。而这种变换是借助坐标变换来完成的，等效变换的原则是在不同的坐标系下，电动机产生的磁通势相同。

二、异步电动机的数学模型

从电机学原理可知，异步电动机定子 A，B，C 三相对称绕组通入三相对称电流时：

$i_A = \sqrt{2}I\sin\ (\omega t + \varphi)$

$i_B = \sqrt{2}I\sin\ (\omega t + \varphi - 120°)$

$i_C = \sqrt{2}I\sin\ (\omega t + \varphi - 240°)$

它们在电机气隙空间里将产生一个圆形旋转磁通势，沿气隙空间呈正弦分布，并以电角转速 ω_1（或同步转速 n_1）沿 A 相→B 相→C 相的方向旋转。这个圆形旋转磁通势可用矢量 $\dot{F}$ 表示，如图 5－37a 所示。然而产生这种圆形旋转磁通势并不一定非要三相不可，除了单相以外，两相、三相、四相、……任意多相对称绕组，通以多相对称电流，都能产生圆形旋转磁通势，当然相数最少的是两相，如图 5－37b 所示的 α 和 β 绕组，它们在空间上相差 90°，分别通以时间上相差 90°而幅值相等的 α 和 β 正弦交流电，也能产生圆形旋转磁通势 $\dot{F}$，当两相产生的旋转磁通势和三相产生的旋转磁通势的大小、转向和转速都相等时，就可认为 α 和 β 两相绕组与 A，B，C 三相绕组等效。

如果有两个匝数相等并且互相垂直的 M 和 T 绕组，分别通以直流电流 i_M 和 i_T，产生磁通势 $\dot{F}$，磁通势位置相对 M 和 T 绕组是固定的，如图 5－37c 所示。当 M，T 绕组与铁芯以同步转速旋转时，它们产生的磁通势 $\dot{F}$ 也随之以同步转速旋转，即成为旋转磁通势。假如这个旋转磁通势的大小、转向和转速与前面两相、三相的磁通势都相等，那么这套旋转的直流绕组就和前面两相、三相静止的交流绕组等效。

因此，以产生相同的旋转磁通势为前提，可以认为两相同步旋转坐标系下的电流 i_T 和 i_M，与三相静止坐标系下的电流 i_A，i_B 和 i_C，以及两相静止坐标系下的电流 i_α 和 i_β 是彼此等效的。这样，通过坐标系的转换，就可以找到与三相静止的交流绕组等效的直流电动机模

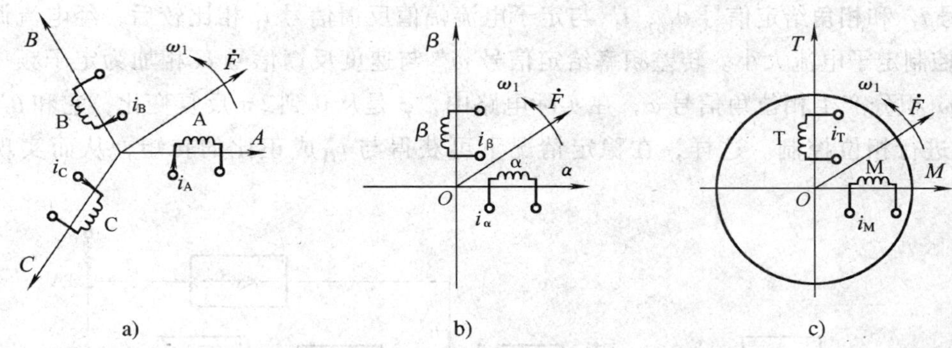

图5－37　旋转磁通势的绕组电流

a）三相静止绕组　b）两相静止绕组　c）旋转直流绕组

型，并且求出直流电流 i_M，i_T 与两相电流 i_α，i_β，以及与三相电流 i_A，i_B，i_C 之间存在确定的对应关系，即矢量变换关系。

在 M－T 坐标中，若取磁通 Φ 的位置与 M 绕组轴线一致，则 M 绕组相当于直流电动机中的励磁绕组，i_M 相当于励磁电流，用以产生磁通 Φ。而 T 绕组则相当于直流电动机的电枢绕组，i_T 相当于电枢电流，用以产生电磁转矩。对站在旋转着的 M－T 坐标系的观察者来说，三相电动机便成为一台直流电动机的物理模型了。这样就可像直流电动机那样控制三相交流电动机，得到与直流电动机一样优良的控制特性，这种方法便称为矢量变换控制。

三、矢量控制调速系统

在矢量控制中，被控制的是定子电流，从数学模型中能够找出定子电流可等效为定子励磁电流分量 i_{M1} 和定子转矩电流分量 i_{T1}，这两个分量与其他物理量的关系为：

$$i_{M1} = \frac{T_2P + 1}{L_m}\psi_2$$

$$i_{T1} = -\frac{L_r}{L_m}$$

$$i_{T2} = -\frac{W_s T_2}{L_m}\psi_2$$

式中　$T_2 = \dfrac{L_r}{R_2}$——转子电路时间常数；

L_r 和 L_m——转子绕组的自感和互感；

ψ_2——转子总磁链。

以上两式就是矢量控制系统所用的控制方程式。

实际使用的异步电动机矢量控制系统种类繁多，下面简单介绍转差频率式异步电动机矢量控制系统。

图5－38 所示是转差频率式异步电动机矢量控制系统框图。速度给定信号 ω^* 与测速发电机 TG 实测的速度反馈信号 ω 相比较后，经速度调节器 ASR 输出的是定子电流转矩分量的给定信号 i_{T1}^*，而定子电流励磁分量的给定信号 i_{M1}^* 与转子磁链给定信号 ψ_2^* 之间的关系是由矢量控制方程式建立，i_{T1}^* 和 i_{M1}^* 经直角坐标/极坐标（K/P）变换器合成后产生定子电流幅值

给定信号 i_1^* 和相角给定信号 θ_1^*，i_1^* 与定子电流幅值反馈信号 i_1 相比较后，经电流调节器 ACR 去控制定子电流大小。转差频率给定信号 ω_s^* 与速度反馈信号 ω 相加为定子频率信号 ω_1，由 ω_1 积分产生相位角信号 φ，在实际电路中，φ 是从 0 到 2π 反复变化，它和 θ_1^* 相加后为 θ_1 进行相位控制。这样，在稳定情况下可获得与 i_{T1}^* 成正比的转矩，从而实现矢量控制。

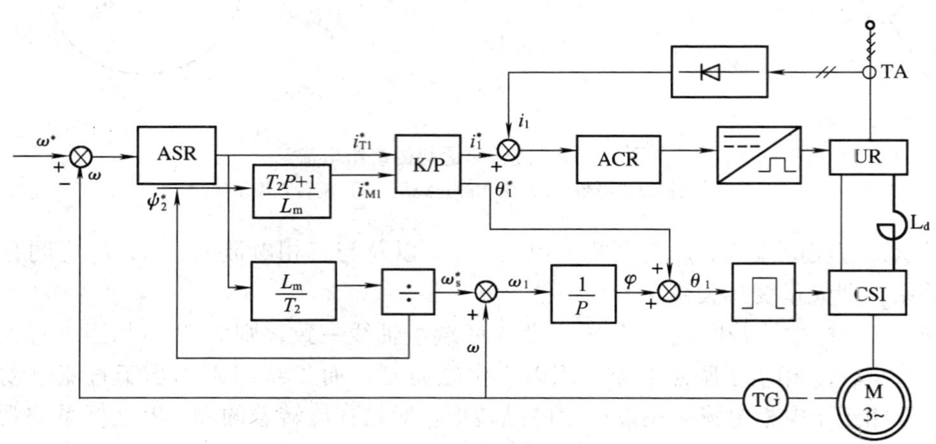

图 5－38　转差频率式异步电动机矢量控制系统框图

在转差频率控制式矢量控制系统中，M－T 坐标的磁场定向是由给定信号确定并靠满足矢量控制方程式来保证的，并没有在系统运行中实际检测转子磁链的相位，故它属于间接磁场定向。在动态过程中，定子电流幅值与相位的实际值和给定值之间总会有偏差，矢量控制方程式所用参数与实际参数之间总会有偏差，这些都会造成磁场定向上的误差，从而影响系统的动态性能。转差频率控制式矢量控制系统结构简单、思路清晰，系统性能基本能达到直流双环控制系统的水平，因而得到广泛应用。

§5－6　异步电动机直接转矩控制变频调速系统

直接转矩控制（direct torque control，简称 DTC）与矢量控制不同，它不是通过控制电流、磁链等量来间接控制转矩，而是把转矩直接作为被控量来控制。转矩控制的优越性在于：转矩控制是控制定子磁链，在本质上并不需要转速信息，控制上对除定子电阻外的所有电机参数变化鲁棒性良好；所引入的定子磁链观测器能够很容易地估算出同步速度信息，因而能方便地实现转矩控制，这种控制被称为无速度传感器直接转矩控制。1995 年，ABB 公司首先推出的 ACS600 直接转矩控制系列，已达到 <2 ms 的转矩响应速度，在带速度传感器时的静态速度精度达到 0.01%；在不带速度传感器的情况下，即使受到输入电压的变化，造成负载突变影响，其速度控制精度仍可达到 0.1%。

直接转矩控制是继矢量控制变频调速技术之后的一种新型的交流变频调速技术。它是利用空间电压矢量 PWM（SVPWM）通过对磁链、转矩的直接控制，确定逆变器的开关状态来实现的。磁通轨迹控制还可用于普通的 PWM 控制，实行开环或闭环控制。

一、工作原理

直接转矩控制系统和矢量控制系统一样，也是分别控制异步电动机的转速和磁链，并采用在转速内环再设置转矩内环的方法，来抑制磁链变化对转速系统的影响，因此，转速与磁链子系统是近似解耦的。

直接转矩控制系统的核心问题是如何分析转矩和定子磁链的观测模型，以及如何根据转矩和磁链的偏差信号来选择电压空间矢量控制器的开关状态。

图 5－39 给出了按定子磁链控制的直接转矩控制系统的原理图。分别控制异步电动机的转速和磁链，转速调节器 ASR 的输出作为电磁转矩的给定信号 T_e^*，在 T_e^* 后面设置转矩控制内环，它可以抑制磁链变化对转速子系统的影响，从而使转速和磁链子系统实现近似的解耦。由此可以看出，直接转矩控制系统和矢量控制系统是一致的，都能够获得较高的静、动态性能。

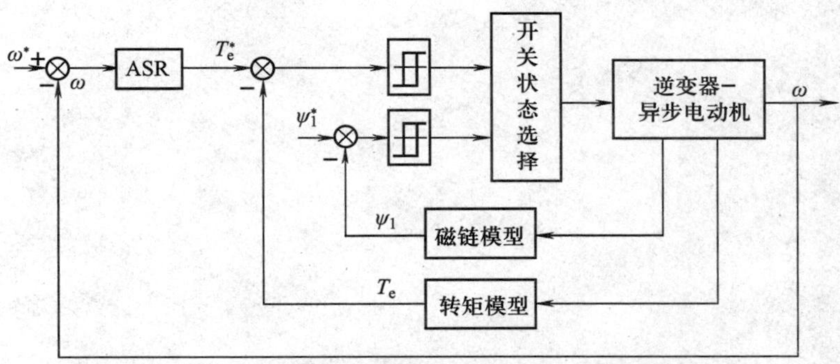

图 5－39　按定子磁链控制的直接转矩控制系统原理图

二、主要特点

（1）直接转矩控制技术是直接在定子坐标系下分析交流电动机的数学模型、控制电动机的磁链和转矩。它不需要模仿直流电动机的控制，也不需要为解耦而简化交流电动机的数学模型，并且省掉了矢量旋转变换等复杂的变换与计算。因此，它需要的信号处理工作特别简单，所用的控制信号使观察者对于交流电动机的物理过程能够做出直接和明确的判断。

（2）直接转矩控制磁场定向所用的是定子磁铁，只要知道定子电阻就可以把它观测出来。而矢量控制磁场定向所用的是转子磁链，观测转子磁链需要知道电动机转子电阻和电感。因此，直接转矩控制大大减少了矢量控制技术中控制性能易受参数变化影响的问题。

（3）直接转矩控制采用空间矢量的概念来分析三相交流电动机的数学模型和控制其各物理量，使问题变得特别简单明了。

（4）直接转矩控制强调的是转矩的直接控制与效果。

1）由于与矢量控制的方法不同，它不是通过控制电流、磁链等量来间接控制转矩，而是把转矩直接作为被控制量进行控制。因此，它不需要极力获得理想的正弦波波形，也不用专门强调磁链的圆形轨迹。相反，从控制转矩的角度出发，它强调的是转矩的直接控制效果，因而它采用的是离散的电压状态和六边形磁链的轨迹或近似圆形磁链轨迹的概念。

2）直接转矩控制技术的控制方式，是通过转矩两点式调节器把转矩检测值与转矩给定值作滞环比较，把转矩波动限制在一定的容差范围内，容差的大小由频率调节器来控制。因此，它的控制效果不取决于电动机的数学模型是否能够简化，而是取决于转矩的实际状况。它的控制简单直接。

对转矩的这种直接控制方式也称“直接自控制”。这种“直接自控制”的思想不仅用于转矩控制，也用于磁链量的控制和磁链的自控制，但都以转矩为中心来进行综合控制。

综上所述，直接转矩控制技术是用空间矢量的分析方法，直接在定子坐标系下计算与控制交流电动机的转矩，采用定子磁场定向，借助离散的两点式调节（Band—Band 控制）产生 PWM 信号，直接对逆变器的开关状态进行最佳控制，以获得转矩的高动态性能。它省掉了复杂的矢量变换与电动机数学模型的简化处理，没有常用的 PWM 信号发生器。它的控制思想新颖，控制结构简单，控制手段直接，信号处理的物理概念明确。该控制系统的转矩响应迅速，限制在一拍以内，且无超调，是一种具有高静和高动态性能的交流调速方法。